上海市奉贤区 SHANGHAISHI FENGXIANQU

农作物 病虫害专业化

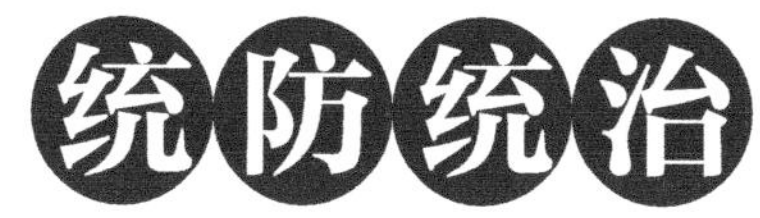

NONGZUOWU

BINGCHONGHAI ZHUANYEHUA TONGFANG TONGZHI

卫　勤　钱非凡　主编

中国农业科学技术出版社

图书在版编目（CIP）数据

上海市奉贤区农作物病虫害专业化统防统治 / 卫勤，钱非凡主编 . -- 北京：中国农业科学技术出版社，2023.9

ISBN 978-7-5116-6399-3

Ⅰ. ①上… Ⅱ. ①卫… ②钱… Ⅲ. ①作物－病虫害防治－研究－奉贤区 Ⅳ. ① S435

中国国家版本馆 CIP 数据核字（2023）第 157029 号

责任编辑 王惟萍
责任校对 王 彦
责任印制 姜义伟 王思文

出 版 者 中国农业科学技术出版社
北京市中关村南大街 12 号 邮编：100081
电 话 （010）82106643（编辑室）（010）82109702（发行部）
（010）82109709（读者服务部）
网 址 https://castp.caas.cn
经 销 者 各地新华书店
印 刷 者 北京捷迅佳彩印刷有限公司
开 本 148mm × 210mm 1/32
印 张 5.25
字 数 130 千字
版 次 2023 年 9 月第 1 版 2023 年 9 月第 1 次印刷
定 价 46.80 元

编委会

序　言

农业是国家发展的基础。强国必先强农，农强方能国强。

中央农办主任、农业农村部部长唐仁健在解读2023年中央一号文件时指出，一个国家要真正强大，必须有强大农业作支撑。我们建设社会主义现代化农业强国，既要遵循农业现代化的一般规律，加快建设供给保障强、科技装备强、经营体系强、产业韧性强、竞争能力强的农业强国，更要充分考虑我国人多地少的资源禀赋、农耕文明的历史底蕴、人与自然和谐共生的时代要求，依靠自己力量端牢饭碗，依托双层经营体制发展农业，发展生态低碳农业，赓续农耕文明，扎实推进共同富裕，走出一条中国特色农业现代化道路。

大力推行农作物病虫害专业化统防统治，是适应农村发展新形势、构建新型农业社会化服务体系的有效途径；是适应农作物病虫害发生规律变化、集成科学防控技术，保障农业生产安全、农产品质量安全和农业生态安全的重要措施；是推动农业机械化进程，提高农业产能，提升农业现代化水平的重要抓手。

2009年以前，农作物病虫害专业化统防统治已经在我国处于自发发展阶段。到2010年，国家将其写入中央一号文件，作为整个种植业的工作重点全面实施推行。2011年，为大力扶持发展专业化统防统治组织，规范其服务行为，由农业部出台《农作物病虫害专业化统防统治管理办法》。2012年，农业部在全国开展农作物病虫害专业化统防统治“百强服务组织”评选活动，树立典型。2013年，国家开始利用重大农作物病虫害防治补助资金8亿元，开展对专业化统防统治服务组织和农民进行补贴试点。多年下来，在党和政府的高度重视与关心下，农作物病虫害专业化统防统治进入了快速发展阶段，取得了显著的成效。全国各地专业化统防统治组织如雨后春笋般不断涌现、蓬勃发展，为推动地方农业的发展，发挥着主力军的作用。

奉贤区作为上海市郊农业大区，随着大量农村青壮年外出务工，作为农业生产中劳动强度大、技术要求高的病虫害防治成为农业生产的突出问题，迫切需要专业化防治组织来解决一家一户病虫害防治难的问题。奉贤区历来重视农作物病虫害的防控与植保统防服务体系的建设，早期发展有村办植保统防专业队、村民小组集体统防、统分结合防治等从乡、村、组实际出发，具有历史意义的实践与改革。在新农村新形势下，奉贤区积极探索适合本地区农作物病虫害统防统治的有效途径，2013 年开始在市郊率先组建了由各农机合作社、粮食合作社的农机和技术人员组成的专业化植保统防组织，为全区粮食合作社、家庭农场提供专业统防统治服务。通过多年实践，奉贤区陆续涌现了一批设备配套先进、防控能力强、管理水平高、服务质量优的专业化统防统治组织。15 家服务组织（粮食 12 家、蔬菜 2 家、果树 1 家）获评“市级优秀专业化统防组织”，2021 年奉贤区更是荣获了“全国农作物病虫害统防统治百强县”称号。

多年来，奉贤区在农作物病虫害专业化统防统治开展了一系列探索性工作，为上海市农作物病虫专业化统防统治提供了宝贵经验。这本书的出版是对奉贤区近十年来开展农作物病虫害专业化统防统治的一个总结，其详细阐明奉贤区专业化防治组织的发展历程、推进方法和取得成效，分享了统防统治的典型案例，并对未来发展方向做了有益的思考，是一本不可多得的实践型辅导教材。我们希望通过这本书能给大家有所启示，各区要广开思路，积极探索各种模式，促进专业化统防统治和绿色防控融合推进，加快植保新技术普及及应用，提高安全用药水平和病虫防治效果，为推动我市病虫害专业化统防统治更好更快发展作出贡献。

郭玉人

2023 年 3 月

前 言

农作物病虫害专业化统防统治是指在一定区域内具备一定植保专业技术条件的服务组织，采用先进、实用的设备和技术，为农民提供契约性的防治服务，以服务农民和农业生产为宗旨，按照“预防为主、综合防治”的植物保护方针，开展社会化、规模化、集约化的农作物病虫害防控行动；是全面提升植保工作水平的有效途径，是贯彻新发展理念，推动乡村振兴战略实施，促进农业绿色和高质量发展的重要措施。本书主要编写人员长期从事农业生产工作，内容既有多年实践经验的理论提升，又有最新研究成果的总结。全书概述了农作物病虫害专业化统防统治的基本知识；重点介绍了奉贤区农作物病虫害专业化统防统治的实践与思考；推荐了“绿色防控产品”等植保“四新”技术；探讨了专业化统防统治未来发展方向；部分市级优秀专业化统防统治服务组织代表还分享了运作模式及经验，旨在为广大的农业社会化统防组织与农户提供一些有益的参考，为有效控制生物灾害，以及保障农业生产、质量与生态环境安全作出积极贡献。

本书的出版得到了“上海地区草地贪夜蛾迁飞规律与绿色防控技术研究”“卫勤果树绿色防控名师工作室”项目的资助，在此深表感谢！

编者均为生产第一线农技人员，虽实践经验丰富，但理论与写作水平有限，书中不足之处在所难免，望读者不吝指正。

编 者

2023 年 4 月

目　录

第一章　农作物病虫害专业化统防统治概述

第一节　农作物病虫害专业化统防统治基本概念

农作物病虫害专业化统防统治是指具备一定植保专业技术条件的服务组织，采用先进、实用的设备和技术，为农民提供契约性的病虫害防治服务，开展社会化、规模化、集约化的农作物病虫害防控行动。它是以“政府支持、市场运作、农民自愿、循序渐进”为原则，有明确责任主体的一种植保服务方式。

第二节　农作物病虫害专业化统防统治产生的背景

粮食的数量和安全问题是农业生产一直面临的严峻考验。减少因病虫害所带来的粮食损失可以有效提高粮食产量，因此病虫害防控是植保工作的重中之重。随着人类社会工业化发展进程推进，极端天气频发，农作物病虫害出现暴发性、非典型性趋势。在传统农业病虫害防治中，农民“一家一户一防治”单打独斗的工作方式难以应对突发性、暴发性的农作物病虫害危机。防治过程中还会出现药剂选择不对路、农药使用不规范、防治适期掌握不准确等一系列问题，不仅难以有效降低农作物病虫害带来的负面影响，甚至对农业生产造成了二次危害，这就对农作物病虫害防治工作提出了更高的要求。在农业农村部种植业管理司引领下，各地植保部门积极探索创新农作物的病虫害防治模式，病虫害统防统治应运而生，以期扭转农业生产中重大病虫害发生时一家一户防治难的局面。其中，以 20 世纪 90 年代全国大规模暴发的棉铃虫危机最具代表性。为解决棉铃虫防治难题，农业部设立专项资金 5 000 多万元，在主要的棉花产区启动实施了棉花棉铃虫统防统治。在农业植保部门组织下，开展植保社会化服务，但由于服务形式和资金依托棉花生产项目，没有引入市场机制，后续缺乏专项资金维持，统防统治服务日渐式微。

进入 21 世纪以来，随着城市经济的飞速发展，农村大量青壮年劳动力进城务工，年轻劳动力发生转移，出现劳动力老龄化、务农劳动力短缺等结构性问题，病虫害防治成为现代农业生产中的一大障碍。促进传统的分散防治方式向集约化和规模化统防统治转变迫在眉睫，各地植保部门因地制宜，探索创新病虫害防治的组织形式和机制，专业化统防组织应运而生。

农作物病虫害专业化统防统治在 2009 年以前还处在各省市自行摸索经验的阶段，2008 年 10 月农业部制定下发《关于推进农作物病虫害专业化防治的意见》以来，各地顺势而上，大胆探索与实践。2009 年在杭州召开全国专业化统防统治经验交流会。2010 年中央一号文件要求大力推进农作物病虫害专业化统防统治，提高农作物病虫灾害防控能力，保障农业生产安全、农产品质量安全，促进生态安全与农业可持续发展。农业部将其作为种植业工作的重中之重，全面实施农作物病虫害专业化统防统治“百千万行动”创建 100 个专业化统防统治示范县，在 1 000 个县建立专业化统防统治示范区，全国扶持发展

1万个规范化的专业化防治示范组织，辐射带动全国主要农作物病虫害专业化统防统治。2011年农业部提出农业病虫害专业化统防统治是符合现代农业发展的重要一环，出台了《农作物病虫害专业化统防统治管理办法》（第1571号公告），切实推进专业化统防统治的健康发展。2012年，为加强宣传农作物病虫害专业化统防统治，农业部在全国开展农作物病虫害专业化统防统治“百强服务组织”评选活动，形成树立典型、示范引领效应。上海金都水稻种植专业合作社成功入选“百强服务组织”。2013年依托重大农作物病虫害防治补助资金8亿元，对专业化统防统治服务组织和农民进行补贴试点。2014年，继续推进专业化统防统治“百千万行动”，开展“百强组织联百企”活动，推进百强服务组织与100个农资生产经营企业结对，实现高效药械、低毒低残留农药的推广应用，率先在100个专业化统防统治示范县开展专业化统防统治与绿色防控的融合试点推进。2015年，农业部提出将农作物病虫害专业化统防统治与绿色防控融合推进的试点方案，通过病虫综合治理与农药减量控害的手段，实现提质增效，加快转变农业发展方式。同年上海市金山区示范布局专业化统防统治与绿色防控的融合示范基地。自2016年起，农业部围绕“提质增效转方式、稳粮增收可持续”的目标，进一步加强农作物病虫害专业化统防统治与绿色防控的融合示范作用。在全国建立600个示范基地，其中上海市在金山区、奉贤区、松江区等几个区县共成立7个融合示范基地，进行统一组织发动、统一技术方案、统一药剂供应、统一施药时间、统一防控行动的“五统一”防治和绿色防控措施，组织开展低毒生物农药使用试点补贴，引导农民自觉使用绿色防控措施。致力于至2020年建成高标准全国农作物病虫害专业化统防统治与绿色防控的融合示范基地，实现病虫害综合治理、农药减量增效。2021年4月，农业农村部根据《农作物病虫害防治条例》等法律法规，组织制定并发布了《农作物病虫害专业化防治服务管理办法》（第417号公告），以进一步加强农作物病虫害专业化防治服务组织管理，规范农作物病虫害专业化防治服务行为。截至2023年，大粮食作物病虫害专业化统防统治或绿色防控面积达8亿万亩[①]次，其中水稻更是独占半壁江山，达47 000万亩次，其中上海为180万亩次。近15年，病虫害专业化统防统治进入快速发展阶段，成为近年来植保工作的一大亮点。

第三节　专业化统防统治的优越性与局限性

农作物病虫害专业化统防统治的产生，顺应了我国农村社会经济的变化发展，作为推动农业现代化的一个实践平台与抓手，既存在着不少优越性，也存在着一定的局限性。

一、专业化统防统治的优越性

（一）专业统治，提高病虫害防效

专业化统防统治组织，防治队伍经过专业培训与学习，懂得病虫害的识别与发生规律，具有一定专业防治资质与素养。通过使用先进的防治设备，科学安全用药，综合绿色防控技术，能有效地防控农作物病虫危害，减少农民损失。因此，相对于普通农户，专业化统防统治工作效率高，防治效果好，有利于粮食增产，促进农民增收。

---

① 1亩≈667 m^2。

（二）代防服务，减轻防治压力

农村青壮年劳动力不足，很多小规模分散经营的农户，年龄偏大、文化程度不高。病虫害防治是农业生产中技术含量最高、用工最多、劳动强度最大、风险控制最难的环节。病虫害防治，成为当前农业生产者遇到的最大难题。专业化统防统治组织，通过与农户签订病虫害防治服务协议，使用先进药械与防治技术，帮助他们开展日常的病虫害防治服务，大大减轻了农户自身防治的压力。

（三）科学用药，保障生产安全

专业化统防统治推广使用绿色、高效、低毒、低残留的农药，实行农药统一采购、统一供应、统一调配和统一喷施，通过科学使用农药、规范田间作业，能有效提高农药的利用率与防效，杜绝高毒农药在鲜食农产品上使用，控制源头上假冒伪劣农药的使用，避免不规范用药致使人畜中毒事故的发生以及一些小农户过量或超次使用农药的现象，保障了农作物生产安全。

（四）包装改换，减少环境污染

专业化统防统治，从传统农户使用小包装农药，改为购买使用大包装农药。使用大包装农药，减少拆包装环节，节省劳力成本，减少农药包装废弃物。同时，专业化统防统治组织针对农药包装袋废弃物对环境具有一定污染性的特点，实行统一的回收制度，也从根本上保护了生态环境的安全。

（五）药械换代，增强防治能力

在政府的政策补贴支持下，专业化统防统治组织购买使用高效、智能的大中型植保药械，较好地拉动了现代、优质施药机械推广与应用。专业化统防统治组织通过药械使用的不断换代与升级，不仅提高了防治效率，降低了防治用工，增强了自身防治服务能力，而且促进了农业生产的机械化进程。

（六）技术掌握，更快落实应用

专业化统防统治组织拥有专业防治队伍与技术人员，比普通农户具有更高更宽的知识结构与知识面，接受新政策、学习新技术的能力更强，同时对新技术与新产品的渴望更迫切。在开展统防统治服务时，能更快掌握相关技术与要求，如统防统治与绿色防控技术的融合应用等，达到加速技术成果推广和落实应用的作用。

二、专业化统防统治的局限性

（一）服务范围的限制

1. 农田布局不平衡

近年来，虽然随着农村土地的加速流转，土地相对集中规模化经营。但不同区域的农田，布局不平衡。有些农田相对集中、道路等基础设施完善，容易开展统防统治；有些农田布局复杂、田块小而多分散、地处偏远、道路等基础设施不完善，大型植保药械进不去，则很难开展统防统治服务。

2. 组织发展不平衡

不同区域内专业化统防组织的发展不平衡。有的区域，专业化统防组织有好几家，服务能力好，防治技术高，开展统防服务基本上能覆盖整个区域。有的区域，专业化统防组织少，防治服务能力有限，满足不了区域内农户的防治需求，使得有些需要统防统治的农户参加不了。

3. 作物生产不平衡

有些农作物，如水稻、蔬菜等，露天生产面积大，分布区域广，容易开展统防统治服务。有些农作物，如经济作物、果林等，受大棚或棚架等设施，以及种植面积与区域的限制，开展统防统治服务较为困难。所以，开展专业化统防统治服务的作物，基本上以水稻为主。

（二）药械使用的限制

1. 购买成本高

大中型以及智能化先进植保药械，相对购买的费用较高，政府补贴力度不够。受成本因素限制，统防组织本身资金不足，购买能力有限，导致使用数量相对较少。

2. 操作要求高

对先进药械的操作使用要求相对较高。需要有一定知识与技能的人，经过相关培训后，才能使用。农业从业人员年龄普遍较高，文化程度偏低，缺少年轻知识分子，操作使用相对困难。

3. 研发技术有限

智能化先进药械，如植保无人机电池的使用寿命短、受风力影响容易漂移、除草剂配套剂型等研发技术有限，导致使用时会有限制，对统防统治的开展与防效产生一定影响。

（三）职业季节的限制

专业化统防统治组织开展防治服务的时间往往受农作物生产的季节性限制。如水稻病虫害的防治时间只有4～5个月，其他时间基本处于休闲期。对统防组织的工作人员来说，只是临时性的用工，不利于成为一种长期性的职业。尤其是对年轻人，不能吸引他们长期从事该项工作。这些客观因素导致统防组织的防治队伍年龄普遍偏大，年轻人少且流动性大。

第四节　发展专业化统防统治的意义

发展农作物病虫害专业化统防统治，不仅符合我国农业现代化的发展需求与前进方向，而且是应对新时代新农村新发展形势的重要手段，是建设新型农业社会化植保统防服务体系的重要内容，是保障食用农产品质量安全的迫切需要，是促进农业稳产提质增效的重要途径，是发展生态友好型农业的重要抓手。

一、应对新时代新农村新发展形势的重要手段

随着时代的快速发展，我国农村社会结构发生了深刻的变化。农村青壮劳动力大量转移外出，留守的农民老龄化，且文化程度普遍较低。农业生产中“谁来种地”“如何种地”已成为现实又紧迫的重大问题。发展区域内统防统治，组建专业化的防治队伍，签署契约性服务协议，能较好地解决一家一户劳动力不足、千家万户病虫害防治难的突出问题，促进农作物生产由传统的分散防治方式向规模化、集约化统防统治转变。既可提高防控效果、效率和效益，又能最大限度地减少病虫危害损失，保障了农业的正常生产与安全生产，是应对新时代新农村新发展形势的重要手段。

二、建设新型农业社会化植保统防服务体系的重要内容

随着新型工业化、信息化、城镇化和农业现代化“新四化”的同步推进，农业生产规模化和集约化发展趋势明显。农业农村部明确提出，要加快构建与统分结合双层经营体制相适应，专业化、组织化、社会化、集约化相结合的新型农业社会化服务体系。病虫害专业化统防统治作为一种新型服务业态，既是植保公共服务体系向基层的有效延伸，也是提高病虫害防控组织化程度的有效载体，成为新型农业社会化服务体系建设的重要内容。

三、保障食用农产品质量安全的迫切需要

随着我国城乡居民生活水平的提高，广大人民群众对食用农产品的安全问题日益关注。现阶段农作物生产中，病虫害防治用药多、乱、杂的现象较为普遍，尤其是化学农药的高剂量、不合理、不规范使用，致使农药残留时有发生，造成了食用农产品的质量安全问题。中央经济工作会议提出，要“坚持数量质量并重，更加注重农产品质量和食品安全，注重生产源头治理和产销全程监管”。开展农作物病虫害专业化统防统治，实行农药统购、统供、统配和统施，规范田间作业行为，不仅从农药采购开始有效地监管和指导，消除农业生产环节中质量监管的盲点，而且还能有效推动农药减量增效，确保农药使用的安全间隔期，从源头上保障了食用农产品的质量安全问题。

四、促进农业稳产提质增效的重要途径

保障粮食等主要农产品的安全生产与有效供给是一项长期而艰巨的战略任务。我国实行农村家庭联产承包责任制以来，促进了农业的快速发展，但近年来随着生产成本的提高以及市场调控等因素的影响，以粮食生产为主的农业经营的效益难以提高。其中，农作物病虫害呈多发、重发和频发态势，防治的效果差、效率低、成本高成为制约农业稳产与增收的一个重要因素。推行农作物病虫害专业化统防统治，具有技术专业、装备先进、防控效果好、防治成本低等优势，能有效控制病虫害流行与危害。与传统防治方式相比，各地实践证明，专业化统防统治作业效率可提高 5 倍以上，通过防治病虫危害减少损失，提高一定的产量，减损就是增产。为此，推行农作物病虫害专业化统防统治是促进农业稳产提质增效的重要途径。

五、发展生态友好型农业的重要抓手

发展生态友好型农业是以农业生态环境的建设与保护为重点，通过发展循环农业、生态农业等农业生产方式，通过推广应用能减少农业面源污染、农业废弃物生成等环保型农业技术，培养广大农民、家庭农场、农业合作社和农业企业的农田生态环境保护观念等，实现农业的健康可持续发展。推行农作物病虫害专业化统防统治，贯彻落实“公共植保”和“绿色植保”理念，融合以使用农业防治、理化诱控、生态调控、农药防治等综合防治的绿色防控技术，创建农田生物多样性，采用多种非化学防控手段，推广使用高效、低毒、低残留的绿色农药，最大限度地减少化学农药的使用量，减少对农田生态环境的污染，促进生态友好型农业发展。

第二章　奉贤区农作物病虫害专业化统防统治的实践与思考

第一节　奉贤区农作物病虫害专业化统防统治推进历程

奉贤区位于长江下游三角洲东南缘，田连阡陌，土壤肥沃，区内河道纵横，水网密布，适宜多种作物生长，是上海市重要的农产品生产、供应基地，素有“鱼米之乡、江南福地”美称。1985—2001 年，中共奉贤县委、县政府加大对农业的投入，加强农田基本建设，不断更新农业技术装备，基本实现农业机械化，农业生产条件明显改善，为充分利用农业自然资源、推动全区农业发展提供了可靠保障。2010 年，国家将农作物病虫害专业化统防统治写入中央一号文件，作为整个种植业工作重点全面实施推行。新形势下，满足农村的快速发展，帮助农户控制与减少病虫害的发生和危害，推动植保防治机械化，实现统防统治专业化，保障农业生产安全、农产品质量安全和农业生态环境安全，已成为一种必然的趋势。

一、初具雏形阶段

（一）乡村联办植保公司

1983 年，胡桥、光明乡率先成立乡植保公司。1988 年，县人大常委会组织部分人大代表、职能部门领导参加分片巡回视察，提出从乡、村、组实际出发，因地制宜发展多层次植保统防服务体系的建设，引起县、乡各级领导重视。

1991 年，江海乡成立类似植保公司的乡防治中心。乡植保公司是乡村联办合作性质，以乡为中心设村机防队和生产队机防组，与农户签订承包服务合同，承包防治病虫害，有偿服务。乡公司分管病虫害测报、机防队管理、综合防治、农药进出及喷雾机具维修。各村机防队基本掌握“四能”，即能识病虫、能两查两定（查病虫数量，定防治田块；查发育进度，定防治适期）、能合理用药、能宣传综合防控，机防人员列编在村办企业，报酬略高于务工农户。此种形式全县仅此 3 家，1992 年，胡桥、光明、江海 3 乡植保公司统防服务涉及 47 个村、515 个村民小组，占全县村、组总数的 16.2%。至 1997 年，乡级植保公司先后解散。

（二）村办植保统防专业队

1984 年起，率先试行农工一体化的潘垫、滕家、大树等村相继组建为农服务队，其中植保统防专业队实行定本承包，技物结合，统一防治。专业队喷药员列编在村办企业，享受同等务工人员报酬待遇。此后，村办植保统防专业队在全县陆续推广，至 1987 年，全县有 65 个村建立统防组织，占村总数的 21.3%。1992 年减少为 32 个村，1999 年后基本消失。

（三）村民小组集体统防

1985 年，以生产队（即村民小组）为单位的集体统防全部解体，1989 年重新恢复。这种形式主要一队（组）一机一员，以受过植保专业培训的植保员为主体，承包为农户开展病虫害统一防治，农户出农药不付现金，植保员报酬在农户承包合同中写明，年终由队统一收取后支付。1992 年，全县有 169 个村、1 835 个村民小组实行集体统防，占全县村组总数的 57.18%，成为县内植保服务体系的主要形式。

二、统分结合阶段

1993 年起，中共奉贤县委、县政府按照“宜统则统、统分结合”原则，全面推行统分结合的双层经营体制，村民小组集体统防统治逐步过渡转为统分结合，即对重大病虫害及直播稻田除草实行统一防治，农户自购农药，植保员喷药，每亩喷药人工费 3～5 元，其他病虫害由农户自行防治。2001 年，全区有 26 个行政村、330 个村民小组采用这种形式进行病虫害防治，占全区村组总数的 24.01%。

三、快速发展阶段

2008 年起，奉贤区农业技术推广中心（简称区农技中心）利用水稻病虫害防治药剂统一供应优势，与南桥、青村等镇农业服务中心共同抓好植保统防专业队、为农服务站等农业组织建设，对部分粮食专业合作社、大农户、重点村稳步推进水稻病虫害专业化防治。年服务面积 1 333 hm^2 以上，得到了农户的一致肯定。2010 年、2012 年中央一号文件都明确提出了要大力推进农作物病虫害专业化统防统治，奉贤区农业农村委员会为进一步贯彻落实中央一号文件精神，2013 年联合奉贤区财政局出台水稻病虫害专业化统防统治奖补政策，自此奉贤区水稻病虫害专业化统防统治快速发展，统防组织从 16 家发展到 25 家，至今累计开展专业化防治服务 3.87×10^4 hm^2，统防统治覆盖率达到 75% 以上。防治对象也从单一的水稻作物拓展至蔬菜、玉米、果树、生态林等作物；服务形式也从代防代治、带药防治逐步向合同制、全程承包防治转变。

第二节 奉贤区农作物病虫害专业化统防统治发展现状

一、队伍设施

历经多年的发展，目前奉贤区拥有专业化统防统治备案（由区级以上农业植保部门在全国农作物病虫专业化服务信息平台备案）组织28家，其经营范围涉及植物保护、病虫害防治等范畴。其中，水稻病虫害专业化统防统治组织25家、蔬菜病虫害专业化统防统治组织2家，果树病虫害专业化统防统治组织1家。另外，奉贤区25家水稻病虫害专业化统防统治组织共配备了植保无人机50多台，大型自走式喷杆喷雾机80多台，工农36型担架喷雾机150多台，其他药械100多台，固定防治队员600多人，兼职队员350多人，持证人员760人，日作业能力2 000 hm^2。

二、组织形式

（一）专业合作社

引导粮食种植、农机服务等农民专业合作社将闲散的机手等人员组织起来，形成一个具有法人资格的经济实体，从事病虫害专业化防治服务。这是目前奉贤区水稻病虫害专业化统防统治的主要组织形式。

（二）大户主导型

由蔬菜、黄桃、蜜梨等经济作物种植大户、科技示范户或退休农技人员等“能人”创建的专业化防治队，在进行自身田块防治的同时，为周边农民开展专业化防治服务。

（三）村级组织型

本区部分经济实力较好的村委会（如西渡街道金港村、庄行镇新叶村等）统一购置机动药械，统一购置农药，并组织村里的机手在本村范围内开展水稻病虫害统一防治服务。

（四）互助型

在自愿互利的基础上，按照双向选择的原则，拥有防治机械的机手与农民建立服务关系，自发地组织在一起，在病虫害防治时期开展互助防治，主要是进行代治服务。此种服务形式主要出现在金汇镇、柘林镇、青村镇等部分区域。

三、服务方式

（一）代防代治

统防统治组织和服务对象之间一般无固定的服务关系，防治药剂由服务对象自行购买。每防治一次收取一次费用，一般收取 10～12 元 / 亩次。饲料玉米、小麦、季节性蔬菜、生态林等作物上目前主要以代防代治为主。

（二）全程承包防治

专业化防治组织根据合同约定，承包农作物生长季节所有病虫害的防治任务，即专业化防治组织根据区植保部门的病虫害情报，统一购药配药、统一时间集中施药，防治期间，由区植保部门对专业化防治组织的服务质量和防治效果等方面进行评估。目前，奉贤区在水稻等农作物生产上主要以全程承包防治为主。

第三节 奉贤区农作物病虫害专业化统防统治的主要经验做法

加强农作物病虫害专业化统防统治组织管理，规范服务行为，提升病虫害防治能力和水平，有效控制农作物病虫害发生与危害，保障农业生产安全、农产品质量安全和生态环境安全，实现农业农村部提出的化学农药减量目标，保护农田生态环境，实现绿色生产。

一、工作原则

开展农作物病虫害专业化统防统治本区遵循“政府扶持、市场运作、农民自愿和因地制宜”的原则。

（一）扶持发展专业合作社

专业化统防统治服务的产业是农业，服务的对象是农民，服务的内容是防灾减灾，具有较强的公益性。现阶段，农业、农机服务等专业合作社组建的防治组织，其服务规模和水平参差不齐，本区强化政策扶持，重点培养发展一批持续稳定、高素质的专业化服务队伍，引导组织采取规范行为、提供优质服务，实施科学防控，使之成为能为政府分忧、为民解难的病虫害防治主力军。

（二）发展全程承包防治服务

承包防治是提高病虫害防治效果、降低农药使用风险的有效方式，是实现规模效益和病虫害可持续发展的关键，是统防统治发展的方向。本区在水稻生长全生育期中推行“统一决策防治”“统一大包装供药”“统一回收包装废弃物”的统一组织承包防治模式。

（三）布局重点作物和关键区域

从保障粮食稳定发展和农产品质量安全的需要出发，本区率先在西部水稻重点生产区域、重大病虫发生源头区域推进专业化统防统治，逐步向其他区域和作物辐射推广。水稻作物上重点突出“两迁”害虫、螟虫、纹枯病、稻瘟病等重大病虫综合防控为主的统防统治。

（四）推进整建制示范带动

针对病虫发生规律和防控要求，重点在经济基础较好、劳动力外出务工较多、病虫害防治需求较大的村镇开展统防统治试点，以整村、整镇制推进防治，目前金汇镇已实现区域内全覆盖统防统治。

二、保障措施

（一）领导重视，机构完善

领导重视、机构完善是保证统防工作顺利开展的前提。奉贤区农业农村委员会十分重视农作物病虫害专业化统防统治工作，专门成立了专业化统防统治工作领导小组：由奉贤区农业农村委员会分管副主任任组长，区农技中心主任、绿色农业推进办负责人任副组长，各镇农业农村部门种植业副主任为组员。同时，成立了专业化统防统治工作技术小组：推广研究员为总负责，植保科科长为组长，各镇农业农村部门的植保负责人具体负责各项工作的基层落实和实施。这样完善的组织构架为有效推进奉贤区农作物专业化统防统治工作奠定了坚实基础。

（二）政策扶持，资金补贴

财政资金扶持是保证统防工作顺利开展的根本。为扶持统防统治组织的可持续发展，2013—2018年，奉贤区农业农村委员会设立了专项资金，并联合奉贤区财政局出台了相关政策，对符合要求的本区专业化水稻统防统治组织给予每亩上限为80元奖励性补贴。2019—2021年奉贤区农业农村委员会和奉贤区财政局联合发文（沪奉农委〔2019〕52号）：在原有每亩补贴80元的基础上，对本区范围内接受水稻重大病虫害统防统治服务的种植户，区级财政每亩增加30元高效低毒农药物化补贴。财政奖补资金按照“先防后补”原则，翌年直接下拨到各统防组织，近5年（2017—2021年）累计下拨奖补资金2 979.95万元。2021年奉贤区农业农村委员会与奉贤区财政局联合发文（沪奉委〔2021〕64号文件），将植保无人驾驶航空器纳入2021—2023年农业机械购置补贴目录，鼓励各组织开展社会化服务，区、市、中央三级补贴幅度为2.25万～3.00万元/台。

（三）信息服务，技术指导

跟踪指导是保证统防工作质量的关键。区、镇农业农村部门及时为专业化防治组织提供病虫害发生、防治技术集成、药械供应等信息服务，尤其在病虫害防治的关键时期，技术小组还安排专业人员实行分片负责、分类指导服务，确保每个专业化防治组织都有1名联系人，为专业化防治组织开展病虫防治服务活动提供全方位技术指导，切实提高技术到位率和病虫害防治效果。

（四）绩效评估，争先创优

规范操作是保证统防工作质量的重点。每年区、镇农业农村部门组成检查小组，对水稻病虫害专业化统防统治工作开展中期检查和年度考核，在现场询问、田头查看、资料审核的基础上，进行绩效评估和满意度测评，并将考核结果进行公示。同时，还开展相关推优活动，获得区级考核先进的组织优先推荐创建上海市优秀统防统治组织。

（五）学习考察，宣传培训

宣传培训是保证统防工作实施的基础。具体措施：①区、镇农业农村部门充分利用各种宣传媒体、会议培训，大力宣传农作物病虫害统防统治工作，使各级领导、有关部门和社会各界充分认识专业化防治对粮食生产安全和农业增效、农民增收的重要作用；②区农技中心多次组织区、镇技术人员赴湖南省、江苏省、江西省等地考察学习，借鉴外省（市）专业化统防统治成功经验；③区农技中心不定期联合市农业技术推广服务中心和区农民科技教育培训中心举办各种专题培训班，提高专业化统防统治服务人员的综合素质。

（六）整合项目，示范带动

示范引领是助推统防工作实施的动力。农作物病虫害专业化统防统治与绿色防控融合，是实现病虫害可持续治理、农药减量控害的主要措施，也是农业高质量绿色发展的重要抓手。奉贤区认真贯彻落实农业农村部、市农业农村委对病虫专业化统防统治的决策部署，有效整合农业绿色生产补贴专项与农业资源及生态保护补助资金项目，鼓励支持防治服务组织遵照“预防为主、综合防治”的植保工作方针，在自身专业合作社区域内采用3～5项水稻绿色防控集成技术，提升专业化统防统治服务水平，示范带动病虫害专业化统防统治与绿色防控融合的推广和普及。

第四节　奉贤区农作物病虫害专业化统防统治取得的成效

2013年起率先在上海市整区制示范推广水稻病虫害专业化统防统治服务，通过实施专业化统防统治，实行农药统购、统供、统配和统施，规范田间作业行为，有效避免人畜中毒事故发生。更为重要的是从源头上控制假冒伪劣农药，保证使用农药质量，确保水稻安全生产。至今已获评15家市级优秀专业化统防组织，其中粮食12家、蔬菜2家、果树1家；2019年成功创建全国第一批农作物病虫害统防统治百强县。

一、降本增效，提升效益

近5年来，奉贤区共建立农作物病虫专业化统防统治与绿色防控融合示范基地145个，示范面积约1 646 hm^2，辐射带动近5 335 hm^2；累计开展水稻病虫害统防统治 1.93×10^4 hm^2，统防统治示范区年均化学农药使用量（折纯）/亩比面上常规防治区减量21.19%，每亩节本13.91元，防效提高5.11%。

二、减少污染，保障安全

（一）改善农业生态环境

由于采取了统一决策防治、统一大包装供药、统一组织承包防治、统一回收包装废弃物等一系列集成措施，奉贤区减少了农药防治次数和使用量，减轻了农药对土壤的污染，有效控制了农业面源污染，保护了生态环境。

（二）提高农产品品质

5年内，奉贤区在专业化统防统治示范区共采集了77个稻米样本进行农产品质量安全风险监测，检测结果表明，稻米中农药残留量、重金属等检测指标均100%符合绿色农产品标准。

三、改变形式，提升服务能力

目前，奉贤区专业化防治服务形式已由过去的代防代治、阶段承包防治逐步向合同制、全程承包制转变。据区农技中心植保科统计，目前奉贤区统防统治日作业能力近 2 000 hm^2，比 2013 年提高了 75.02%。

四、更新药械，提高装备水平

2013 年起，区农技中心将大型药械持有率作为服务组织开展专业化统防统治工作的准入条件之一，鼓励统防统治专业化服务组织选用新型高效大中型植保机械替代低效小型植保机械，从而提升农药利用率、提高植保作业效率。

（一）地面施药作业装备

从 36 型担架式喷雾机、手推式机动喷雾机，向精准施药、无人驾驶的自走式喷杆喷雾机转变。

（二）空中施药作业装备

从油动单旋翼无人机过渡至电动、油动多旋翼无人机，2016 年被称为植保无人机行业发展的“元年”：①无人机厂家陆续介入，如大疆、极飞等带来了产品性能、性价比的快速提升；②设备销售量逐年上升，作业面积保持大幅度增长；③国家提出政策支持，并且逐步纳入政府补贴范围；④各项作业标准、行业标准、质量标准、职业标准陆续推出，规范了行业发展。智能化植保无人机是未来的发展方向。

第五节　奉贤区农作物病虫害专业化统防统治工作中存在的主要问题及解决对策

一、专业素质基础差

由于奉贤区现有的统防统治服务组织负责人专业性不强、

文化层次较低，再加上防治队伍不稳定、人员严重老化、专业技术人员缺乏等原因，导致目前统防统治组织不能准确掌握田间病虫发生动态，个性化开展适期防治。因此，建议加强统防统治服务人员的技术培训，同时要求各组织进一步提高认识，配备专科及以上学历的专业人员1～2名，以有效提升服务组织的专业技术水平。

二、市场化运作难度大

由于统防统治示范区采取低于防治成本的优惠价格收取服务费用，在目前区、镇对统防统治配套有资金补贴的情况下尚可维持，一旦政府财政专项补贴资金停止扶持，专业化组织市场化运作存在较大难度。因此，建议财政加大植保大型药械财政扶持力度，将统防统治组织纳入优先购置植保补贴药械名单，提高药械更新节奏，进一步提高农药利用率。同时，加强对统防统治机构的统一管理，提升服务能力，为今后的市场化运作做好储备。

三、风险保障制度不完善

虽然目前奉贤区已建立了相关种植业保险制度，并对遭受自然灾害和意外事故所造成的经济损失提供了保障，但是大部分专业化服务组织担心，如遇灾害性、流行性病虫害突发或大发生，若按NY/T 393—2020《绿色食品　农药使用准则》施药，服务对象对防治效果不一定满意。因此，奉贤区一要进一步建立健全病虫害突发防治补贴基金和应急专业防治队伍，并设立防治效果风险评估机制，探索创建相关配套保险政策，做到保险全覆盖；二是增加植保机构的仲裁职能，公平公正妥善处理各类赔偿纠纷，化解矛盾。

第六节　奉贤区农作物病虫害专业化统防统治流程介绍

为大力扶持发展农作物病虫害专业化统防统治组织，按照《中华人民共和国生物安全法》《农作物病虫害防治条例》《农药管理条例》《农作物病虫害专业化统防统治管理办法》等相关法律、条例与办法，根据奉贤区农作物生产的实际情况与条件现状，提出了具有本区特色、切实可行的农作物病虫害专业化统防统治操作流程。

通过"**规划方案，审核准入→开展服务，中期督查→年度考核，结果公示→绩效评估，奖补下拨→材料整理，归档保存**"等一套流程的实施与推进，加强了本区农作物病虫害专业化统防统治组织管理，规范了服务行为，提升了病虫害防治能力和水平。现将奉贤区农作物病虫害专业化统防统治推进流程具体介绍如下。

一、规划方案，审核准入

规划统防统治奖补方案是开展农作物病虫害专业化统防统治的前提。每年年初区级农业农村部门制定完善年度统防奖补实施方案与考核标准，镇级植保机构按照区级农业农村部门下拨的当年度计划服务面积，对属地专业化统防统治组织服务资质进行初审，并进行服务面积的落实分解及预申报工作。区级农业农村部门在初审的基础上，再次审核后方可准入。统防队伍由专业合作社自行组建。

（一）规划奖补方案，安排计划面积

1. 制定完善统防统治奖补实施方案与考核标准

区级农业农村部门根据近年专业化统防统治服务开展情况，

召开由各基层农业农村部门和统防组织代表参加的年度专业化统防统治专题座谈会，就统防统治奖补方案的实施细则与考核标准的项目内容进行讨论，听取意见与建议，完善并制定年度统防统治奖补实施方案与考核标准。

2. 计划年度统防统治服务面积

区级农业农村部门根据全区历年专业化统防统治服务面积和财政专项补贴预算，以及不同镇域统防服务能力，安排本年度区级统防统治计划总面积，并分配到各镇级农业农村部门。

（二）落实服务组织，初审申报资质

1. 组织落实

镇级农业农村部门按照区级年度统防奖补实施方案、考核标准及统防统治计划服务面积，组织所属区域内专业化统防统治组织进行任务的细化与落实。

2. 申报初审

属地化的统防组织按照镇级等农业农村部门的要求，根据自身实际情况，进行年度统防统治服务资格申报。准入申报材料，由镇级等农业农村部门进行初审、筛选。申请准入的组织必须具备以下条件。

（1）服务资质。组织性质为经工商或民政部门注册登记，取得法人资格。营业执照经营范围需有可从事植物保护或病虫害防治等内容，并由区级以上农业植保部门在全国农作物病虫专业化服务信息平台备案的组织。

（2）开户许可证。法人代表持营业执照、准备开户所在银行申请书等材料至银行办理，确认符合开户条件，准予设立基本存款账户。

（3）固定场所。拥有固定的办公和为农民提供技术咨询、交流的场所，并具备与统防统治服务面积相适应的符合安全要

求的农资仓库。自有的场所，需提供房屋所有权证；租赁的场所，需提供租赁合同（未到期）及租金转账记录。

（4）专业人员。统防队伍具有一定植保专业素质，专业持证上岗率达到90%以上。其中，获得国家农作物植保员职业资格证书或植物保护初级职称资格证书的技术人员不少于1名，形成一支与服务规模相匹配的精干的服务团队。

（5）药械设备。配备先进的施药器械和其他植保装备，具备一台以上大型高效施药设备（单台日作业能力在500亩以上），具备与服务面积相匹配的大中型药械，大型药械租赁数量不得超过自有大型药械的50%。

（6）服务对象。本区范围内种植水稻、蔬菜、果树等作物，并且获得绿色食品认证，或初审通过、获得有机食品认证或转换期认证的规模经营的农户与农业生产经营组织。

（7）服务能力。日作业能力1 000亩以上，对外服务面积不少于1 800亩。

（三）服务面积预申报

镇级等农业农村部门对符合条件的专业化统防统治组织进行汇总，并填写区域年度农作物病虫害专业化统防统治申报表，统一集中预申报至区级农业农村部门。

（四）审核准入

区级农业农村部门根据镇级等农业农村部门年度农作物病虫害专业化统防统治申报表，严格按照农业农村部《农作物病虫害专业化统防统治管理办法》以及区级年度专业化统防统治奖补实施方案，对各专业化统防统治组织开展进一步的资格审核，对符合条件的统防组织予以准入，并在全国农作物病虫害专业化服务信息平台备案登记。

二、开展服务，中期督查

通过审核准入的专业化统防统治组织，按照区级专业化统防统治奖补实施方案与考核标准，开展日常的农作物病虫害专业化统防统治服务。为加强组织管理，规范服务行为，区级农业农村部门对各专业化统防统治组织的管理与服务提出了具体的要求，并与镇级农业农村部门不时跟进、指导与检查，以确保其更加有序、规范地开展统防统治服务。

（一）统防组织的管理与服务

1. 管理制度

专业化统防统治组织要有一套全面、规范的管理制度，包括健全的人员管理、服务合同管理、安全防治管理、农药出入库管理、田间作业和档案记录等制度。各管理制度全年上墙公示，悬挂整齐醒目。

2. 签订协议

专业化统防统治组织要在一季农作物种植之前，及早与服务对象达成服务意向，并签订农作物病虫害防治服务协议，明确各自的责、权、利。

3. 服务收费

专业化统防统治组织根据本区域实际，对服务对象合理收取施药服务费。实行预收费方式，通过转账形式收取费用，需开具发票，并入财务专账。

4. 购买保险

室外作业，具有一定未知性或危险性。专业化统防统治组织在开展统防统治服务前，必须给防治队员购买人身意外伤害保险，以保障意外事故得到妥善处理。防治队员意外险，投保率要求达 100%；同时，统防组织拥有的植保无人机，在规定年限内投保率达到 100%。

5. 农药管理

专业化统防统治组织应当按照国家 NY/T 1276—2007《农药安全使用规范　总则》，做好农药的安全运输、储存与使用，做好农药的出入库登记造册，做好农药包装废弃物的回收处理，防止有毒有害物质危害人畜与污染环境。

6. 科学防治

专业化统防统治组织应当根据当地主要农作物病虫害发生信息和区级农业植保部门的防治技术指导意见，优先采取绿色防控技术，科学合理地开展防治服务，不得私自添加药剂或施用违规药剂。

7. 规范作业

专业化统防统治组织应配备必要的作业防护用品，让田间作业人员做好自身防护，并规范、科学使用农药与药械。实施具有安全风险的防治作业时，应当在相应区域设立警示牌，防止人畜中毒和伤亡事故发生。

8. 建立档案

专业化统防统治组织应当及时建立统防统治相关档案。

基础档案，如营业资质，营业执照、开户许可证、法人身份证；办公场所，房屋产权、租赁合同，外观照片；防治队伍，队员花名册、专业培训或资格证书、人身意外保险购买合同与发票；防治药械，自走势、无人机等购买发票凭证，外观照片；管理制度，具体文字材料与上墙照片等。

服务档案，如服务对象与服务面积汇总表；防治服务协议；农药入库出库登记造册；田间防治记录，每次防治的时间、地点、面积、防治人员、使用农药与药械，服务对象签字确认；田间防治证明，水印相机现场防治照片与视频等。

财务档案，如预收防治服务费记录与转账凭证；防治劳务费记录与转账凭证；其他与统防统治相关列支记录与凭证等。

9. 减量控害

专业化统防统治组织统防统治服务示范区，亩均化学农药使用量比面上常规减少 4% 以上，病虫害总体危害损失率控制在 5% 以内。

专业化统防统治组织自身建立 100 亩以上绿色统防核心区，开展生态调控、理化诱控、生物防治、种养结合等综合防控，亩均化学农药使用量比面上减少 10% 以上，病虫总体防治效果达到 85% 以上。

10. 参训参会

专业化统防统治组织需积极参加统防统治相关知识与技能的培训，提高自身专业素养、防治技术与服务水平。同时，积极参加统防统治工作会议，熟悉有关政策法规与政府工作要求，以更加明确职责与义务，更好开展统防统治服务。参训参会情况，纳入年度考核。

11. 资金管理

专业化统防统治组织必须按要求使用相关资金。

建立二级专账。政府扶持资金及各项统防服务列支等，按照月份记银行流水账，到年底进行汇总，形成一张年度明细账表。

资金使用。所有支出资金必须以转账的形式。资金可用于服务组织开展病虫情调查、田间试验、技术培训、技术交流、人身保险、药械设备、劳防用品、专题会议、药械燃料、病虫害防治劳务等方面费用列支。

资金监管。区、镇两级农业农村部门对统防统治扶持资金进行指导与监管，落实监管责任，确保专款专用，严禁截留挪用和超范围支出。

（二）中期督查

由区级农业农村部门联合镇级农业农村部门，根据考核标准对审核准入的各专业化统防统治组织，进行中期督查。

1. 现场检查

围绕各专业化统防统治组织的基础建设，包括办公场地、农药械仓库、药械设备数量及投保率、管理制度等；统防统治开展的服务，包括田间档案记录情况等；减量控害，包括绿色防控技术的应用等，进行现场检验与查看。

2. 指导整改

针对检查中存在的问题或不规范的操作，及时指导专业化统防统治组织进行纠正，并督促限时整改，使其更加有序、更加规范地开展好统防统治服务与管理。

三、年度考核，结果公示

专业化统防统治组织在结束年度统防统治服务后，区级农业农村部门需对其防治服务情况开展统一的集中专项考核，通过考核不断查找问题，提高其管理水平，规范其服务行为。同时根据考核结果，发放政府补贴资金，促进其持续成长。

（一）镇级初步审核

1. 统防组织材料上报

专业化统防统治组织在防治服务全部结束后，按照考核标准的要求，及时将年度专业化统防统治相关工作台账整理汇总成册，交镇级农业农村部门进行初审。

2. 镇级初审

镇级农业农村部门对镇域内各专业化统防统治组织年度统防服务考核材料进行初步审核，对有问题或者不符合考核要求的材料，及时给予指导，并督促纠正。

3. 递交考核材料

镇级农业农村部门初步审核的考核材料，由各专业化统防统治组织在规定时间期限内及时递交区级农业农村部门。

（二）年度专项考核

1. 成立考核小组

由区级农业农村部门联合镇级农业农村部门，成立专业化统防统治专项考核小组，采用区、镇两级打分法。根据考核标准，职责分工，落实到人。

2. 集中开展考核

通过发放考核通知，开展集中专项考核。考核现场，一是听取工作汇报，各专业化统防统治组织进行年度统防统治服务总结；二是检查台账资料，包括二级专账明细、农药使用出入库、田间防治档案等；三是开展满意度测评，随机抽取服务对象，进行满意度回访调查。考核打分，根据各统防组织实际开展的统防统治服务情况，由考核小组进行打分与汇总。

（三）审核公示

1. 审核

年度专业化统防统治服务考核结果汇总后，递交奉贤区农业农村委员会进行审核，审核通过后，进行对外公示。

2. 公示

采用区、镇两级公示，一是在上海市奉贤区人民政府和农业农村委员会网站信息公开通知公告栏，公示 1 周；二是在镇级区域内统防服务对应的村委会公示栏，公示 1 周。

四、绩效评估，奖补下拨

对年度专业化统防统治服务考核结果进行审核与公示后，由奉贤区农业农村委员会向奉贤区财政局提交拨款申请，奉贤区财政局组织专人小组对专业化统防统治专项补贴项目进行绩效评估，并形成评估报告，对应责任领导签字盖章。

绩效评估是按照国家法律、法规及有关部门的规定，遵循独立、客观、科学、公正的原则，对专项补贴项目全过程进行整体评价。通过回顾该项目实施的全过程，分析项目的绩效和影响，评价项目的目标实现程度，进而总结经验教训，并提出对策建议等，以推动以后更好地实施补贴项目。

绩效评估结束后，由奉贤区财政局直接将补贴资金拨付到各专业化统防统治组织。

五、材料整理，归档保存

专业化统防统治相关材料经过整理后，按照国家规定需进行归档，以便保存与查阅。材料的归档分三级保存，包括专业化统防统治组织材料存档、镇级农业农村部门材料存档与区级农业农村部门材料存档。

（一）专业化统防统治组织材料存档

1. 专人负责

各专业化统防统治组织指定专人，负责专业化统防统治相关材料的收集、整理与保存。

2. 归档内容

归档材料，包括前期申报材料、后期考核材料等。

3. 归档年限

专业化统防统治相关材料保存的年限为 2 年。到期后，如有需要可继续保存。

（二）镇级农业农村部门材料存档

1. 专人负责

镇级农业农村部门指定专人，负责专业化统防统治相关材料的收集、整理与保存。

2. 归档内容

归档材料，镇域范围内专业化统防统治组织向镇级农业农村部门递交相关材料、镇级农业农村部门向区级农业农村部门递交相关材料等。

3. 归档年限

专业化统防统治相关材料保存的年限为 10 年。到期后，如有需要可继续保存。

（三）区级农业农村部门材料存档

1. 专人负责

区级农业农村部门指定专人，负责专业化统防统治相关材料的收集、整理与保存。

2. 归档内容

归档材料分两部分，一是专业化统防统治组织递交材料，二是区、镇两级农业农村部门审核与考核材料（表 1）。

3. 归档年限

专业化统防统治相关材料保存的年限为 30 年。到期后，如有需要可继续保存。

表 1　奉贤区农作物病虫害专业化统防统治归档材料清单

类型	序号	内容
专业化统防统治组织	1	年度申报材料
	2	年度考核材料
区、镇两级农业农村部门	1	年度区级农作物病虫害专业化统防统治奖补实施方案
	2	年度各镇（街道、集团）区域内农作物病虫害专业化统防统治组织申报表
	3	年度区级农作物病虫害专业化统防统治奖考核标准
	4	年度区、镇两级农作物病虫害专业化统防统治考核打分表
	5	年度专业化统防统治服务满意度调查表
	6	年度区、镇两级农作物病虫害专业化统防统治考核汇总表
	7	年度农作物病虫害专业化统防统治区级财政补贴明细表

第三章　奉贤区植保“四新”技术推广

农业“四新”技术是指采用新材料、新技术、新装备、新模式的技术。植保“四新”技术是指农业“四新”技术中与农作物病虫草鼠害防控有关的植保技术，包括推广的绿色高效低毒低残留的新农药品种，新型智能高效的植保药械，综合农业防治、理化诱控、生态调控、药剂防治等绿色防控技术，生态种养、水旱轮作等模式的应用。

奉贤区植保“四新”技术通过多年的试验示范，不断创新、推广与应用，为农作物病虫草鼠害的日常防控奠定了坚实技术基础，为农业生产安全、农产品质量安全与农业生态安全提供了重要技术保障，更为植保专业化统防统治服务体系的建设提供了强大技术支撑。

第一节　绿色防控产品及使用技术

围绕上海市农药产业“安全、高效、绿色”的发展理念和农业生产“农药减量增效”的工作目标，奉贤区结合历年本区生产实际，从上海市植物保护学会推荐农药品种与非农药类防控产品名录内选择高效、低毒、低残留的绿色农药以及非农药类防控产品进行示范推广，以保障农业生产安全与绿色生态环保。

一、绿色农药

（一）水稻篇

农药在水稻病虫害防治中的应用非常普遍，随着水稻绿色防控技术的不断成熟及应用范围的不断扩大，生物农药应用范围逐步扩大，相比传统化学农药其安全性更高，但也存在使用局限性，如不能在高温干旱环境下使用，因此，在病虫害防治上仍不可避免地选择使用化学农药。化学农药防治需控制好化学农药的使用量、使用类型、使用时间，避免使用单一品种的农药，可选择高效、低毒、低残留和药效长的药剂联合使用，既保证防效，又能确保安全性。

1. 杀虫剂

（1）30 亿 PIB/mL 甘蓝夜蛾核型多角体病毒悬浮剂。

【产品特点】病毒类微生物杀虫剂，具有胃毒作用，无内吸、熏蒸作用。

【使用方法】①防治稻纵卷叶螟应于低龄幼虫（3 龄前）始发期，30～50 mL/ 亩剂量兑水 50 L，均匀喷雾。②由于该药无内吸作用，所以喷药要均匀周到，新生叶部位、叶片背面重点喷洒，才能有效防治害虫。③选在傍晚或阴天施药，尽量避免阳光直射，大风天或预计 4 小时内降雨天气，不要施药。不能与强酸、碱性物质混用，以免降低药效。

【生产企业】江西新龙生物科技股份有限公司。

（2）32 000 IU/mg 苏云金杆菌可湿性粉剂。

【产品特点】微生物杀虫剂，具有胃毒作用，无触杀和内吸作用。敏感昆虫取食后，制剂中的晶体蛋白在碱性中肠液和特殊蛋白酶的作用下，转化为具有毒素活性的分子，并与中肠细胞膜上特异受体结合，最终导致靶标害虫因拒食、麻痹、肠穿孔、饥饿和败血症而死亡。

【使用方法】①防治稻纵卷叶螟，于稻纵卷叶螟卵孵盛期至幼虫1～2龄期前，即稻田初见小苞时施药。75～100 g/亩均匀喷雾。注意兑足水量，重点喷洒植株中上部，将药液均匀喷洒到叶面正反面。施药后田间保水5 cm。②防治水稻二化螟，于二化螟卵孵化盛期至低龄幼虫高峰期施药，100～200 g/亩均匀喷雾。③晴天傍晚或阴天全天使用，效果最佳。施药后24小时内遇大雨重施。注意均匀喷雾。

【生产企业】武汉科诺生物科技股份有限公司。

（3）30%茚虫威水分散粒剂。

【产品特点】通过干扰钠离子通道导致害虫中毒，随即麻痹直至僵死。对水稻稻纵卷叶螟以胃毒作用为主兼触杀活性，施药后害虫停止取食，在24～60小时死亡。对哺乳动物低毒，同时对环境中的非靶标生物等有益昆虫安全，在作物中残留低。

【使用方法】①稻纵卷叶螟卵孵化盛期施药，亩用6～9 g兑水（二次稀释）均匀喷雾，对作物的顶尖和叶片正反面喷雾，确保覆盖全株，用水量要充足。②用药时要避开大风天或1小时内降雨天气。对鳞翅目昆虫毒力高，使用时要注意避免影响家蚕。③每季作物最多使用1次，安全采收间隔为28天。

【生产企业】南通施壮化工有限公司。

（4）200 g/L氯虫苯甲酰胺悬浮剂。

【产品特点】酰胺类新型内吸杀虫剂，其作用机理是激活害虫的鱼尼丁受体，释放细胞内储存的钙离子，引起肌肉调节衰弱、麻痹直至最后害虫死亡。胃毒为主，兼具触杀。

【使用方法】①防治水稻稻纵卷叶螟、三化螟、二化螟，于稻纵卷叶螟、二化螟、三化螟卵孵高峰期，亩用5～10 mL兑水30 L，茎叶均匀喷雾。防治水稻大螟，于卵孵高峰期，亩用8～

10 mL 兑水 30 L，茎叶均匀喷雾。②防治玉米螟，于卵孵高峰期，亩用 3～5 mL 兑水 30 L，茎叶均匀喷雾。③水稻上安全间隔期 7 天，每季最多使用 2 次。在玉米上使用的安全采收间隔期为 14 天，每季作物最多使用 2 次。大风天或预计 1 小时内降雨天气，请勿施药。

【生产企业】美国富美实公司。

（5）24% 甲氧虫酰肼悬浮剂。

【产品特点】蜕皮激素类昆虫生长调节剂类杀虫剂，抑制摄食，促进鳞翅目幼虫非正常蜕皮。幼虫摄食药剂后，停止取食，产生异常蜕皮反应，导致幼虫脱水、饥饿而亡，持效期长。

【使用方法】①防治水稻二化螟要水稻全株喷雾，于二化螟卵孵盛期或低龄幼虫期喷雾防治。亩用 20～25 g 喷雾。②施药时田间要有水层 3～5 cm，药后并保水 3～5 天。大风天或预计 1 小时内降雨天气，请勿施药。③对水稻的安全间隔期为 60 天，每季作物最多使用 2 次。

【生产企业】绍兴上虞新银邦生化有限公司。

（6）25% 甲氧・茚虫威悬浮剂。

【产品特点】10% 茚虫威和 15% 甲氧虫酰肼的复配杀虫剂。甲氧虫酰肼是昆虫生长调节剂，作用机理主要是引起鳞翅目幼虫停止取食，加快蜕皮进程，使害虫在成熟前因提早脱皮而死。茚虫威在昆虫体内被迅速转化为 N-去甲氧羰基代谢物（DCJW），由 DCJW 作用于昆虫神经细胞失活态电压门控钠离子通道，破坏神经冲动传递，导致害虫运动失调、不能进食、麻痹并最终死亡。

【使用方法】①应于水稻二化螟卵孵化盛期或低龄幼虫期用药。30～40 g/ 亩均匀喷雾。②大风天或预计 1 小时内降雨天气，请勿施药。③对水稻的安全间隔期为 45 天，每季作物最多使用 2 次。

【生产企业】河北威远生物化工有限公司。

（7）50% 吡蚜酮可湿性粉剂。

【产品特点】三嗪酮类杂环杀虫剂，具有很强大的内吸传导性，能在植物韧皮部、木质部向上向下传导，因而对用药处理后的新生植物组织也有保护作用。口针触杀型杀虫剂，害虫接触药液立即产生口针阻塞，停止取食，过程不可逆转，最终因饥饿而死亡。

【使用方法】①防治白背飞虱、褐飞虱，亩用量 10～15 g，兑水 30～45 L 喷施。喷施药剂时应对准水稻基部，并在田间保持一定的水量。若药后 5 小时内降雨需补施，避开大风天施药。②防止灰飞虱传播条纹叶枯病，在灰飞虱卵孵高峰期和低龄若虫高峰期喷施。③对水稻安全间隔期为 21 天，每季作物最多使用 2 次。

【生产企业】江苏克胜集团股份有限公司。

2. 杀菌剂

（8）2% 春雷霉素水剂。

【产品特点】农用抗菌素类低毒杀菌剂，具有内吸渗透性，同时具有预防和治疗作用，其作用机理是干扰病原菌的氨基酸代谢的酯酶系统，破坏蛋白质的生物合成，抑制菌丝的生长和造成细胞颗粒化，使病原菌失去繁殖和侵染能力，从而达到杀死病原菌防治病害的目的。

【使用方法】①于稻瘟病发病初期用药，80～120 mL/ 亩均匀喷雾。大风天或预计 1 小时内降雨天气，请勿施药。施药 2～3 小时遇雨对药效无影响。②对杉树（特别是苗）、藕及大豆敏感，避免飘移到上述作物上。③对水稻的安全间隔期为 21 天，每季作物最多使用 4 次。

【生产企业】江门市植保有限公司。

（9）20% 春雷 · 戊唑醇可湿性粉剂。

【产品特点】15% 戊唑醇和 5% 春雷霉素的复配杀菌剂，既保留了生物、化学农药的特点，又弥补了单一用药的不足。内吸传导性较强，抑菌活性较高，具有保护、预防、治疗作用。

【使用方法】①防治水稻稻瘟病时，使用方式为喷雾，在发病前或发病初期开始施药，病害发生初期推荐使用 30～40 g/ 亩，兑水 30～50 L；连续喷药 2 次，施药间隔 7～10 天。喷雾要均匀周到。②随用随配，不能与碱性农药等物质混用。远离水产养殖区、河塘等水体施药，鱼或虾蟹套养稻田禁用，施药后田水不得直接排入水体。③对水稻的安全间隔期为 21 天，每季作物最多使用 2 次。

【生产企业】江苏省盐城利民农化有限公司。

（10）75% 三环唑水分散粒剂。

【产品特点】内吸性较强的保护性三唑类杀菌剂，具有强内吸性、持效期较长，残留低的特点。主要是抑制孢子萌发和附着孢形成，从而有效阻止病菌侵入和减少病菌孢子的产生。

【使用方法】①防治苗瘟秧苗 3～4 叶期，防治叶瘟在叶瘟初发期，防治穗颈瘟在水稻破口期施药，亩用量 20～27 g，兑水 40～60 L 喷雾。②属预防性杀菌剂，应在病害发生前使用，特别在防治穗颈瘟时，切勿贻误用药时机。③对水稻的安全间隔期为 21 天，每季作物最多使用 2 次。

【生产企业】江苏长青生物科技有限公司。

（11）23% 醚菌 · 氟环唑悬浮剂。

【产品特点】11.5% 醚菌酯与 11.5% 氟环唑的复配杀菌剂，兼具三唑类及甲氧基丙烯酸酯类杀菌剂的优良特性，具有很好的保护、治疗、铲除及渗透功能。早期使用可阻止病菌侵入，并延缓抗性的产生。具有较宽杀菌谱和高杀菌活性，持效期长。

【使用方法】①防治纹枯病，发病初期用药，亩用40～50 mL，兑水40～50 L均匀喷雾。②防治稻瘟病，水稻破口前3～5天至破口初期施药，亩用40～60 mL兑水均匀喷雾防治。③避免药液污染水源地，鱼或虾蟹套养稻田禁用，施药后的田水不得直接排入水体。④对水稻的安全间隔期为21天，每季作物最多使用2次。

【生产企业】巴斯夫植物保护（江苏）有限公司。

（12）24%井冈霉素水剂。

【产品特点】农药抗生素，生物杀菌剂。具有很强的内吸作用，与水稻纹枯病的菌丝接触后，能很快被菌体细胞吸收并在菌体内部传导、干扰和抑制菌体细胞正常发育，从而起到治疗作用。

【使用方法】①防治水稻纹枯病，于纹枯病发病初期用药，亩用15～21 mL兑水均匀喷雾。防治稻曲病于水稻破口期前5～7天用第1次药，亩用20～40 mL。施药时和施药后应保持稻田水深5～7 cm，保水3～5天。②对水稻的安全间隔期为14天，每季作物最多使用3次。

【生产企业】武汉科诺生物科技股份有限公司。

（13）13%井冈·低聚糖悬浮剂。

【产品特点】农用抗生素类杀菌剂12%井冈霉素A和植物诱抗剂1%低聚糖素的复配杀菌剂。低聚糖素为植物源农药，低聚糖是复杂的碳水化合物，它在植物体内作为信号分子调节植物生长、发育和在环境中的生存能力。低聚糖素即植物或寄生物水解酶从植物或病原真菌细胞壁多糖分解出来的导致寄主植物过敏反应的活性激发子，诱导植株合成、积累抗毒素。

【使用方法】①防治水稻纹枯病在发病前或发病初期施药，

防治水稻稻曲病在水稻破口前 5～7 天施药，亩用 40～50 mL 兑水均匀喷雾。②对水稻的安全间隔期为 30 天，每季作物最多使用 2 次。

【生产企业】江苏邦盛生物科技有限责任公司。

（14）250 g/L 嘧菌酯悬浮剂。

【产品特点】β-甲氧基丙烯酸酯类杀菌剂，通过抑制病原菌线粒体的呼吸作用来阻止其能量合成，抑制孢子萌发和菌丝生长。具有保护、铲除、渗透、内吸活性。

【使用方法】①防治水稻纹枯病，水稻分蘖盛期亩用 30～60 mL，兑水 30 L 进行喷雾，于病害发生前或初见零星病斑时叶面均匀喷雾。防治水稻稻瘟病水稻破口、齐穗期用药，亩用 20～40 mL，兑水 30～45 mL 喷雾。②鱼或虾蟹套养稻田禁用，施药后的田水不得直接排入水体，赤眼蜂等天敌放飞区域禁用。③对水稻的安全间隔期为 28 天，每季作物最多使用 2 次。

【生产企业】河北威远生物化工有限公司。

（15）75% 戊唑 · 嘧菌酯可湿性粉剂。

【产品特点】50% 三唑类杀菌剂戊唑醇和 25% β-甲氧基丙烯酸酯类杀菌剂嘧菌酯的复配广谱型内吸性杀菌剂，既有保护作用又有治疗作用。戊唑醇为甾醇脱氧基化抑制剂，抑制麦角甾醇生物合成，影响细胞膜的渗透性、生理功能和脂类合成代谢，从而破坏病原真菌的细胞膜。嘧菌酯通过阻碍细胞色素 b 与细胞色素 c1 的电子传递，进而抑制线粒体呼吸。

【使用方法】①防治水稻纹枯病，在水稻纹枯病发病初期，亩用 10～15 g 兑水均匀喷雾；防治稻曲病在水稻破口前 5～7 天，亩用 10～15 g 兑水均匀喷雾。②对鱼类等水生生物有毒，远离水产养殖区、河塘等水体施药，禁止在河塘等水体中清洗施药器具，禁止污染水源。对鸟类有毒，鸟类保护区禁用。

鱼或虾蟹套养的稻田禁用，施药后的田水不得直接排入水体。③对水稻的安全间隔期为21天，每季作物最多使用2次。

【生产企业】江苏省南京惠宇农化有限公司。

（16）18.7%丙环·嘧菌酯悬浮剂。

【产品特点】2种作用机理不同的活性成分11.7%丙环唑和7%嘧菌酯的复配杀菌剂。2种高活性有效成分互补，杀菌谱广，具有保护和治疗作用；内吸性强，持效期长。

【使用方法】①防治水稻纹枯病，于病害发生前或发生初期亩用30～60 mL兑水喷雾使用。防治水稻稻曲病，于破口前7～10天开始用药，亩用30～60 mL兑水喷雾。②远离水产养殖区、河塘等水体施药，鱼或虾蟹套养的稻田禁用。施药后的田水不得直接排入水体。桑园和蚕室附近禁用。③对水稻的安全间隔期为28天，每季作物最多使用3次。

【生产企业】先正达南通作物保护有限公司。

（17）240 g/L噻呋酰胺悬浮剂。

【产品特点】三羧酸循环中琥珀酸脱氧氢酶抑制剂，具有较强的内吸性，植物根和叶片均可迅速吸收，再经木质部和质外体传导至整个植株。

【使用方法】①防治纹枯病，于病害发病初期施药，亩用量15～25 mL，兑水30 L后搅拌均匀常规喷雾。②对鱼类等水生生物有中等毒性，应远离水产养殖区施药，禁止在河塘等水体中清洗施药器具，不要污染水体，应避免药液流入湖泊，河流或鱼塘中污染水源。③对水稻的安全间隔期为7天，每季作物最多使用1次。

【生产企业】江苏丰山生化科技有限公司。

（18）30%噻呋·戊唑醇悬浮剂。

【产品特点】25%噻呋酰胺和5%戊唑醇的复配内吸性杀菌

剂，兼具保护和治疗双重作用。噻呋酰胺属于噻唑酰胺类杀菌剂，具有强内吸传导性和长持效性，戊唑醇属于三唑类杀菌剂，用于叶面喷雾时可杀死叶片表面病菌，也可通过叶片吸收在植物体内传导分布，而杀死植物内部的病菌。

【使用方法】①防治水稻纹枯病，亩用12～15 mL兑水均匀喷雾，于发病初期施药。②对鱼类等水生生物有中等毒性，应远离水产养殖区施药，禁止在河塘等水体清洗施药器具，不要污染水体，应避免药液流入湖泊，河流或鱼塘中污染水源。鱼或虾蟹套养的稻田禁用，施药后的田水不得直接排入水体。③对水稻的安全间隔期为7天，每季作物最多使用1次。

【生产企业】江苏东宝农化股份有限公司。

（19）12.5%氟环唑悬浮剂。

【产品特点】氟环唑是一种具有治疗作用的三唑类广谱杀菌剂，通过抑制甾醇的生物合成而起作用。具有较强的内吸性，能被植物的茎、叶吸收，并向上、向外传导。

【使用方法】①防治水稻纹枯病，亩用30～60 mL，在病情发生初期使用，兑水30～60 L均匀喷雾。②防治水稻稻曲病，亩用48～60 mL，在水稻破口期前5～7天使用，亩兑水30～60 L均匀喷雾。③防治小麦锈病，亩用48～60 mL，于发病初期施药，兑水30～60 L均匀喷雾。④如放置时间较长出现分层时应先摇匀后使用。大风天或预计4小时内降雨天气，请勿施药。对水蚤高毒；鱼类中毒；鸟类、藻类、家蚕、蚯蚓有毒；蜜蜂记性经口有毒、急性接触中毒；施药时应避免对周围蜂群的不利影响、开花植物花期慎用；蚕室和桑园、鸟类保护区附近、赤眼蜂等天敌放飞区域禁用。⑤在小麦和水稻作物上使用的安全间隔期分别为14天和20天，每季作物最多使用2次。

【生产企业】安道麦辉丰（江苏）有限公司。

（20）75% 肟菌·戊唑醇水分散粒剂。

【产品特点】25% 甲氧基丙烯酸酯类杀菌剂肟菌酯和 50% 三唑类杀菌剂戊唑醇的复配广谱、内吸性杀菌剂，兼具保护和治疗作用。肟菌酯是一种呼吸抑制剂，通过锁住细胞色素 b 与细胞色素 c1 之间的电子传递而阻止细胞 ATP 合成，从而抑制其线粒体呼吸而发挥抑菌作用。能被植物蜡质层强烈吸附，对植物表面提供优异的保护活性。

【使用方法】①防治纹枯病，在分蘖末期至拔节期和孕穗末期，亩用 10～15 g，兑水 30～45 L 喷雾。防治稻瘟病的叶瘟是在病害发生初期，亩用 15～20 g 药剂，兑水 30～45 L 做叶面喷雾。预防穗颈瘟在水稻破口期，亩用 15～20 g，兑水 30～45 L 喷雾。防治稻曲病，在水稻破口前 5～7 天，亩用 10～15 g，兑水 30～45 L 喷雾。②对鱼类等水生生物有毒，远离水产养殖区、河塘等水体施药。鱼或虾蟹套养稻田禁用。稻田施药后田水不得接排入江河、湖泊、水渠及水产养殖区。③对水稻的安全间隔期为 21 天，每季作物最多使用 2 次。

【生产企业】拜耳股份公司。

（21）25 g/L 咯菌腈悬浮种衣剂。

【产品特点】广谱触杀性杀菌剂，用于种子处理，可防治大部分种子带菌及土壤传染的真菌病害。在土壤中稳定，在种子及幼苗根际形成保护区，防止病菌入侵。

【使用方法】①防治水稻恶苗病可以浸种也可以包衣处理。包衣每 100 kg 种子使用 400～600 mL，以药浆与种子以 1∶（50～100）的比例将药剂稀释后（即 100 kg 种子兑水 1～2 L），与种子充分搅拌，直到药液均匀分布到种子表面，晾干后即可。浸种每 100 kg 种子使用 200～300 mL，将药剂用水稀释至 200 L，浸种 100 kg，24 小时后催芽。②配置好的药液应在

24 小时内使用。③勿将本品及其废液弃于池塘、河溪、湖泊等，以免污染水源。处理过的种子必须放置在有明显标签的容器内。勿与食物、饲料放在一起，不得饲喂畜禽，更不得用来加工饲料或食品。播后必须覆土，严禁畜禽进入。

【生产企业】瑞士先正达作物保护有限公司。

3. 除草剂

（22）40% 苄嘧 · 丙草胺悬乳剂。

【产品特点】由苄嘧磺隆和丙草胺原药复配而成，有效成分可在水中迅速扩散到杂草根部和叶片吸收转移到杂草各部分，具有除草活性较高、安全性能较好、杀草谱较广、持效期长等特点。

【使用方法】①在直播稻播后苗前，以每亩 60～80 mL 兑水均匀喷雾施药。②田畦要求平整，稻谷必须经过催芽，在大多数稻谷达到芽长一粒谷后再进行播种。避免在水稻播种早期胚根式根系暴露在外时使用。③施药期间避免对周围蜂群产生影响，蜜源作物花期、蚕室、桑园附近禁用，赤眼蜂等天敌放飞区慎用，远离水产养殖区、河塘等水体施药，禁止在河塘等水体清洗施药器具。④每季作物最多使用 1 次。

【生产企业】浙江吉顺植物科技有限公司。

（23）69% 苄嘧 · 苯噻酰水分散粒剂。

【产品特点】由苯噻酰草胺和苄嘧磺隆复配而成的选择性除草剂。水稻缓苗快、根系发达白根多，生长旺盛、分蘖率高，对 2～4 叶期的水稻小苗安全。

【使用方法】①水稻移栽后 3～5 天，杂草 1.5 叶期前使用，每亩用 50～90 g 药剂和 15～20 kg 细潮土（砂）拌匀撒施，施药时田间应有 3～5 cm 浅水层，保水 5～7 天后正常管理，其间可以补水（但水层不应淹过水稻心叶），不能排水，以保证药效。②施药时应避开阔叶作物、水生作物等。露水地段、沙质土、漏水田使用效果差。不可与碱性物质混用。③清洗器具的废水不能排入河流、池塘等水源；废弃物要妥善处理，不可随意丢弃，也不可他用。禁止在河塘等水体清洗施药器具。④每季作物最多使用 1 次，后茬作物安全间隔期应当在 80 天以上。

【生产企业】江苏快达农化股份有限公司。

（24）31% 五氟 · 丙草胺可分散油悬浮剂。

【产品特点】由五氟磺草胺和丙草胺复配而成。丙草胺通过杂草下胚轴、中胚轴、胚芽鞘吸收，根部略有吸收，直接干扰杂草体内蛋白质合成，并对光合作用和呼吸作用有间接影响；五氟磺草胺被茎叶、幼芽及根系吸收后，经木质部和韧皮部传导至分生组织，通过抑制乙酰乳酸合成酶（ALS），阻断支链氨基酸及蛋白质合成，进而影响杂草细胞分裂，最终导致杂草植物死亡。

【使用方法】①应用于水稻直播田和移栽田一年生杂草，在 2～3 叶期亩用 70～130 mL 制剂量茎叶喷雾。移栽水稻返青前或直播水稻扎根前勿用药避免药害。水层勿淹没水稻心叶避免药害。②施药时避免药液漂移至其他作物上，以防产生药害。远离水产养殖区、河塘等水体施药，禁止在河塘等水体清洗施药器具，清洗器具的废水不能排入河流、池塘等水体。鱼或虾蟹套养稻田禁用。蚕室、桑园附近禁用，赤眼蜂等天敌放飞区禁止使用。③每季作物最多使用 1 次。

【生产企业】江苏省昆山市鼎烽农药有限公司。

（25）100 g/L 氰氟草酯乳油。

【产品特点】芳氧基苯氧基丙酸类传导型禾本科杂草除草剂。用于水稻田茎叶处理防除杂草，主要由杂草叶片和叶鞘吸收，药后 5～7 天，杂草自心叶底部开始黄化、褐化，然后逐渐扩散至全株，最后死亡。可广泛应用于直播田、抛秧田防除千金子、双穗雀稗、马唐、牛筋草等禾本科杂草。适用范围广，药效稳定性高。推荐剂量下使用，对水稻安全。

【使用方法】①在水稻秧田稗草 1.5～2.5 叶期、水稻直播田千金子 2～3 叶期用药，亩用 50～70 mL，兑水 20～30 L，细雾滴均匀喷雾。不建议与阔叶草除草剂混用。②施药前排水，使杂草茎叶 2/3 以上露出水面，施药后 24～72 小时灌水，保持 3～5 cm 水层 5～7 天。③对鱼类等水生生物有毒，应远离水产养殖区施药，禁止在河塘等水体中清洗施药器具。④每季作物最多使用 1 次。

【生产企业】科迪华农业科技有限责任公司。

（26）460 g/L 2 甲・灭草松可溶液剂。

【产品特点】苯氧羧酸类 2 甲 4 氯与杂环类灭草松 2 种莎草和阔叶除草剂复配而成，对水田的恶性莎草科（特别是三棱草）及阔叶杂草有很好的防除效果。该品为苗后茎叶处理除草剂，使用时要避免在直播水稻 4 叶期前施用；在杂草生长旺盛期，即 2～5 叶期进行喷雾施药效果最好，确保杂草完全湿润即可发挥最大药效。

【使用方法】①直播和移栽稻田针对阔叶和莎草科杂草亩用 133～167 mL 茎叶喷雾。稻田应在早上无风或微风条件下施药后可更有效，施药后 6 小时内降雨会降低药效，避免在稻苗细弱时施药。②水产养殖区、河塘等水体附近禁用，清洁器具的废水不能排入河流、池塘等水源。废弃物要妥善处理，不能乱丢乱放，也不能做他用。避免药液漂移到敏感作物田。③每季作物最多使用 1 次。

【生产企业】巴斯夫植物保护（江苏）有限公司。

（二）蔬菜篇

蔬菜病虫害种类多种多样，要在弄清了防治对象之后，再选择适宜的农药品种进行防治，增强防治对象的针对性。根据病虫害的发生规律，严格掌握最佳防治时期，做到适时用药。根据剂型的特点采用不同的施药方法。配药时均需按照说明书推荐用量使用，严格掌握施药量，不能任意增减，否则将造成作物药害或影响防治效果。操作时，不仅药量、水量要掌握好，还要估计施用面积，做到准确适量施药。在防治同一病虫害时，选用作用机理不同的农药交替使用，可以取得更好的防治效果。

1. 杀虫剂

（1）5% 甲氨基阿维菌素苯甲酸盐水分散粒剂（尊典）。

【产品特点】具有胃毒和触杀作用，对天敌等有益生物及环境比较安全。

【使用方法】防治甘蓝小菜蛾，亩用 3～4 g 兑水均匀喷雾。对甘蓝的安全间隔期为 7 天。

【生产企业】上海悦联生物科技有限公司。

（2）60% 灭蝇胺水分散粒剂（网蝇）。

【产品特点】昆虫生长调节剂，对双翅目幼虫和蛹有特殊活性，具有内吸传导作用，速效性好，持效期长，对作物安全。

【使用方法】防治黄瓜美洲斑潜蝇，亩用 20～25 g 兑水均匀喷雾。不能杀灭成蝇。安全间隔期为 3 天。

【生产企业】海南博士威生物科技有限公司。

（3）6% 四聚乙醛颗粒剂（螺斯）。

【产品特点】对蜗牛有强烈吸引力的芳香味，以胃毒作用为主，蜗牛取食后即分泌大量液体而失水死亡。耐水性能好，施药后即使下雨也对药效无明显影响，持效期长。

【使用方法】防治叶菜蜗牛，亩用 400～689 g 撒施。

【生产企业】上海悦联化工有限公司。

（4）15% 茚虫威悬浮剂（泰拳）。

【产品特点】噁二嗪类高效低毒杀虫剂，通过干扰钠离子通道导致害虫中毒，随即麻痹直至僵死。以胃毒作用为主兼有触杀活性，对甘蓝小菜蛾有较好防效。

【使用方法】防治甘蓝小菜蛾，亩用 15～20 mL 兑水均匀喷雾。对甘蓝的安全间隔期为 7 天。

【生产企业】山东滨海瀚生生物科技有限公司。

（5）60 g/L 乙基多杀菌素悬浮剂（艾绿士）。

【产品特点】放线菌代谢物经化学修饰而得的活性高的杀虫剂，主要作用于昆虫的神经系统。作用机理新颖独特，不与常规杀虫剂产生交互抗性。对人畜安全，对环境友好。其特殊的配方更易穿透昆虫体壁，光稳定性好持效期长。

【使用方法】防治甘蓝甜菜夜蛾，亩用 20～40 mL 兑水均匀喷雾；对甘蓝的安全间隔期为 7 天。防治茄子蓟马，亩用 10～20 mL 兑水均匀喷雾；对茄子的安全间隔期为 5 天。

【生产企业】科迪华农业科技有限责任公司。

（6）0.5% 苦参碱水剂（神雨）。

【产品特点】中草药制备的天然植物源杀虫剂，对人畜低毒、杀虫谱广，对害虫有较强的触杀和胃毒功能。

【使用方法】防治十字花科蔬菜蚜虫、小菜蛾、菜青虫，亩用 60～90 mL 兑水均匀喷雾。对青菜的安全间隔期为 7 天；对甘蓝的安全间隔期为 14 天。

【生产企业】江苏省南通神雨绿色药业有限公司。

（7）25% 噻虫嗪水分散粒剂（倍乐泰）。

【产品特点】具有胃毒、触杀和强内吸作用。有较高的生物活性。为广谱性杀虫剂，对人畜低毒和作物安全。

【使用方法】防治节瓜、豇豆蓟马，亩用15～25 g兑水均匀喷雾。对节瓜、豇豆的安全间隔期为7天。

【生产企业】山东省联合农药工业有限公司。

（8）1.5%除虫菊素水乳剂（三保奇花）。

【产品特点】从白花除虫菊中提取的杀虫活性物质，对十字花科蔬菜蚜虫具有触杀作用，对哺乳动物低毒，在环境中能迅速分解。

【使用方法】防治十字花科蔬菜蚜虫，亩用120～180 mL兑水均匀喷雾。对十字花科蔬菜的安全间隔期2天

【生产企业】云南南宝生物科技有限责任公司。

（9）50 g/L虱螨脲乳油（美除）。

【产品特点】具有强力杀卵，高效杀虫，低毒、低残留等特性，对环境安全性好。可有效防治甜菜夜蛾等害虫。

【使用方法】防治甘蓝甜菜夜蛾。稀释1 000～1 500倍液均匀喷雾。在害虫产卵初期使用，铲除虫卵，作物免受害虫危害，保护效果更佳。对甘蓝的安全间隔期为14天。

【生产企业】瑞士先正达作物保护有限公司。

（10）5%桉油精可溶液剂（斗戈）。

【产品特点】植物源杀虫剂，以桉树叶为原料，采用现代提取工艺获得有效成分，经浓缩提纯而成。对十字花科蔬菜蚜虫具有较好防治效果。

【使用方法】防治十字花科蔬菜蚜虫：亩用70～100 g兑水均匀喷雾。对十字花科蔬菜的安全间隔期为7天。

【生产企业】北京亚戈农生物药业有限公司。

（11）32 000 IU/mg苏云金杆菌可湿性粉剂。

【产品特点】微生物杀虫剂，具有胃毒作用，无触杀和内吸作用，对作物和人畜安全。不易产生抗性。

【使用方法】防治甘蓝小菜蛾、十字花科蔬菜菜青虫，亩用30～50 g兑水均匀喷雾。不能与内吸性有机磷杀虫剂或杀菌剂混合使用。对桑蚕高毒。

【生产企业】武汉科诺生物科技股份有限公司。

（12）3%辛硫磷颗粒剂。

【产品特点】具有药效高、残效长、用药量少、使用方便、有利于环境保护等优点。用于防治花生地下害虫效果极佳。

【使用方法】防治地下害虫，亩用600～800 g沟施。

【生产企业】山东省济宁市通达化工厂。

（13）22.4%螺虫乙酯悬浮剂（亩旺特）。

【产品特点】该产品是防治刺吸式口器害虫的杀虫（螨）剂，持效期较长。其作用机理为干扰害虫脂肪合成、阻断能量代谢。其内吸性较强，可在植株体内上下传导。正常使用技术条件下可有效防治番茄烟粉虱。

【使用方法】防治番茄烟粉虱时，应于烟粉虱产卵初期施药，亩用20～30 mL兑水均匀喷雾。

【生产企业】拜耳股份公司。

（14）10%溴氰虫酰胺可分散油悬浮剂（倍内威）。

【产品特点】具有优异的杀虫谱，作用于靶标害虫的鱼尼丁受体，作用机理以胃毒为主，兼具触杀。可防治小菜蛾、甜菜夜蛾、棉铃虫、蓟马、烟粉虱、蚜虫等多种害虫。害虫摄入药剂后数分钟即停止取食，迅速保护作物。同时减轻传毒昆虫危害，从而抑制病毒病蔓延。本品宜在作物早期使用，可有效减轻外界虫病胁迫，促进作物生长。

【使用方法】防治蚜虫、蓟马等，可在蚜虫蓟马发生初期，亩用40～50 mL兑水20～30 L均匀喷雾，可在几分钟内击倒害虫，有效阻止蚜虫、蓟马传播病毒和的继续危害。防治烟粉虱、白粉虱等害虫，可在害虫发生初期，亩用40～50 mL兑水30 L均匀喷雾。

【生产企业】美国富美实公司。

2. 杀菌剂

（15）250 g/L嘧菌酯悬浮剂（青岚）。

【产品特点】高效、广谱杀菌剂，具有保护、治疗和铲除等作用。可有效防治黄瓜霜霉病。

【使用方法】防治黄瓜霜霉病，亩用32～40 mL兑水均匀喷雾。对黄瓜的安全间隔期为5天。

【生产企业】河北威远生物化工有限公司。

（16）80%烯酰吗啉水分散粒剂（超赞）。

【产品特点】具有很好的预防和治疗作用，渗透作用和内吸传导能力强，耐雨水冲刷。可有效防治黄瓜霜霉病等病害。

【使用方法】防治黄瓜霜霉病，亩用19～25 g兑水均匀喷雾，每隔7～10天使用1次。对黄瓜的安全间隔期为3天。

【生产企业】青岛瀚生生物科技股份有限公司。

（17）1 000亿孢子/g枯草芽孢杆菌可湿性粉剂。

【产品特点】该产品具有强力杀菌作用，无抗性记录，枯草芽孢杆菌喷洒在作物叶片上后，其活芽孢利用叶面上的营养和水分在叶片上繁殖，迅速占领整个叶片表面，同时分泌具有杀菌作用的活性物，达到有效排斥、抑制和杀死病菌作用。

【使用方法】防治黄瓜白粉病，亩用56～84 g兑水均匀喷雾。不能与含铜物质或链霉素等杀菌剂混用。

【生产企业】湖北天惠生物科技有限公司。

（18）80%嘧霉胺水分散粒剂（新贵）。

【产品特点】具有内吸传导和熏蒸双重作用方式，见效快，耐雨水冲刷，安全、低毒、低残留，持效期长。

【使用方法】防治黄瓜灰霉病，亩用 30～45 g 兑水均匀喷雾。对黄瓜的安全间隔期为 3 天。

【生产企业】山东滨海瀚生生物科技有限公司。

（19）2 亿孢子 /g 木霉菌可湿性粉剂（东方农韵）。

【产品特点】本产品为生物杀菌剂，具有保护和治疗双重功效，通过寄生和营养竞争作用，使黄瓜灰霉病病原菌停止生长和侵染。

【使用方法】防治黄瓜灰霉病，亩用 200～300 g 兑水均匀喷雾。不可与碱性农药等物质混合使用。

【生产企业】上海万力华生物科技有限公司。

（20）8% 宁南霉素水剂。

【产品特点】广谱、高效安全、低毒、低残留的生长调节型生物农药。主要用于防治烟草、蔬菜、瓜果、粮食等作物病毒病，同时对一些真菌、细菌性病害也有良好的防治效果。

【使用方法】防治番茄、辣椒病毒病，亩用 42～63 mL 对水均匀喷雾。对番茄、辣椒的安全间隔期为 7 天。

【生产企业】德强生物股份有限公司。

（21）50% 啶酰菌胺水分散粒剂（凯泽）。

【产品特点】主要通过抑制病菌的线粒体内的能量物质琥珀酸脱氢酶合成，使氨基酸、糖等物质无法合成，干扰细胞的分裂和生长，达到杀病菌的目的。

【使用方法】防治黄瓜、番茄灰霉病，可在发病初期，亩用 33～47 g 兑水均匀喷雾。安全间隔期为 2 天。

【生产企业】巴斯夫欧洲公司。

（22）47% 春雷・王铜可湿性粉剂（加瑞农）。

【产品特点】具有内吸作用。主要是干扰氨基酸代谢的酯酶系统，进而影响蛋白质合成；同时又有保护性作用，在一定湿度条件下释放出铜离子起杀菌防病作用。

【使用方法】防治番茄叶霉病，亩用94～124 g兑水均匀喷雾；防治黄瓜霜霉病，亩用124～165 g兑水均匀喷雾。安全间隔期为1天。

【生产企业】日本北兴化学工业株式会社。

（23）500 g/L氟啶胺悬浮剂（农割）。

【产品特点】二甲基苯胺类杀菌剂，是一种强有力的解偶联剂，破坏氧化磷酸化，通过抑制孢子萌发、菌丝突破、生长和孢子形成而抑制所有阶段的感染过程。

【使用方法】防治大白菜根肿病，亩用267～333 mL兑水均匀喷雾土壤。对瓜类作物敏感，使用时注意勿将药液飞溅到邻近瓜田，以免产生药害。

【生产企业】江阴苏利化学股份有限公司。

（24）687.5 g/L氟菌·霜霉威悬浮剂（银法利）。

【产品特点】具有较强的薄层穿透性，良好的系统传导性，用药后其有效成分可以通过植株的叶片吸收，也可以被根系吸收，在植株体内能够上下传导。对病原菌的各主要形态均有很好的抑制活性，治疗潜能较好。生物活性高，施用剂量低，防效好，持效期长，且防治效果稳定。

【使用方法】防治黄瓜霜霉病、番茄晚疫病，亩用60～75 mL兑水均匀喷雾。安全间隔期为3天。

【生产企业】拜耳作物科学（中国）有限公司。

（25）20%氰霜唑悬浮剂（激劲）。

【产品特点】氰基咪唑类杀菌剂，它能阻碍藻菌类病害的各个生长阶段。正常使用技术条件下对作物安全。对番茄晚疫病有较好的防效。

【使用方法】防治番茄晚疫病，亩用30～35 mL兑水均匀喷雾。对番茄的安全间隔期为 3 天。

【生产企业】上海悦联化工有限公司。

（26）250 g/L 吡唑醚菌酯乳油（安鲜多）。

【产品特点】兼具吡唑结构的甲氧丙烯酸甲酯类广谱杀菌剂。它不仅可以防治由子囊纲、半知菌纲和卵菌纲等几乎所有类型的真菌病原体引起的植物病害，同时又是一种激素型杀菌剂，能使作物吸收更多的氮，促进作物生长。它不仅毒性低，对非靶标生物安全，而且对使用者和环境安全友好。

【使用方法】防治黄瓜白粉病，亩用 20～40 mL 兑水均匀喷雾。对黄瓜的安全间隔期为 2 天。

【生产企业】美国赛默技术公司。

（三）玉米篇

为有效发挥作用与价值，科学使用各类药物，一要仔细阅读说明书，按照规定要求科学配比。二要结合玉米生长情况科学合理使用。根据玉米病虫害的发生特点与规律，通过提前预防或发生初期防治，将各类病虫害扼杀在摇篮之中，保证玉米的健康成长，提高玉米产品质量。

1. 杀虫剂

（1）70% 噻虫嗪种子处理可分散粉剂。

【产品特点】内吸传导性种子处理杀虫剂，兼具胃毒和触杀作用。作用机理：选择性抑制昆虫系统烟酸乙酰胆碱酯酶受体，进而阻断昆虫系统的正常传导，造成害虫出现麻痹机时死亡。用于种子处理，对刺吸式口器害虫具有较高的防效和较长的持效期。

【使用方法】①配制好的药液应在 24 小时内使用。②本品可供种子公司作种子包衣剂，也可供农户直接拌种，用于处理的种子应达到国家良种标准。③防治玉米灰飞虱，按每 100 kg

种子，使用制剂200～300 g加水稀释成2～3 L药液后，与种子充分搅拌，直到药液均匀分布在种子表面，晾干后即可。

【生产企业】山东京博农化科技股份有限公司。

（2）3%辛硫磷颗粒剂。

【产品特点】低毒有机磷杀虫剂，具有触杀和胃毒作用，无内吸作用，作用机理为胆碱酯酶抑制剂。有臭味，化学性质较稳定，遇碱性条件和阳光照射下易分解，但施入土壤中后，本品残效期较长。对地下害虫、玉米螟等有较好的防效。

【使用方法】防治玉米地下害虫，在苗期移栽后，亩用4～6 kg拌细土进行沟施。防治玉米螟，在玉米心叶期、玉米螟孵化盛期，亩用300～400 g，对喇叭口进行撒施。该药在光照条件下易分解，所以田间用药最好在傍晚和夜间施用。每季作物最多使用1次。

【生产企业】瑞隆农化技术（宿州）有限公司。

（3）60 g/L乙基多杀菌素悬浮剂（艾绿士）。

【产品特点】放线菌代谢物经化学修饰而得的活性较高的杀虫剂，作用于昆虫的神经系统，影响正常的神经活动，导致昆虫死亡。具有胃毒和触杀作用。主要用于防治小菜蛾、甜菜夜蛾、斜纹夜蛾、玉米螟、草地贪夜蛾、蓟马等。

【使用方法】防治小菜蛾、甜菜夜蛾、斜纹夜蛾、玉米螟、草地贪夜蛾等，在低龄幼虫期亩用20～40 mL，兑水30～50 L喷雾，施药2～3次，间隔7天。防治蓟马，在发生高峰前亩用10～20 mL，在蓟马活动部位均匀喷雾。

【生产企业】科迪华农业科技有限责任公司。

（4）20亿PIB/mL甘蓝夜蛾核型多角体病毒悬浮剂（政供）。

【产品特点】具有胃毒作用，无内吸、熏蒸作用。施用到作物上被害虫取食后，病毒侵入害虫体内，麻醉害虫神经，使其停止取食直至全身化水而死。同时病毒大量复制增殖，通过死虫的体液、粪便继续传染下一代害虫，造成害虫病毒病的田间大流行，从而达到“虫瘟杀虫”、长期持续控制害虫的目的。

【使用方法】防治草地贪夜蛾、玉米螟等，在低龄幼虫（3龄前）始发期，亩用40～60 g，兑水30～50 L均匀喷雾。由于该药无内吸作用，均匀喷药，尤其是新生叶的叶背重点喷洒，才能有效防治害虫。选在傍晚或阴天施药，尽量避免阳光直射，大风天或预计4小时内降雨天气，不要施药。

【生产企业】江西新龙生物科技股份有限公司。

（5）200 g/L氯虫苯甲酰胺悬浮剂。

【使用方法】防治二化螟、大螟，在卵孵高峰期，亩用5～10 g，兑水30～50 L茎叶均匀喷雾；防治玉米螟，在卵孵化高峰期，亩用3～5 g，兑水30～50 L茎叶均匀喷雾；防治小地老虎，在害虫发生的早期/玉米2～3叶期，亩用3.3～6.6 g，兑水30～50 L茎基部均匀喷雾。防治黏虫，在发生初期，亩用10～15 g，兑水30～50 L茎叶均匀喷雾。防治二点委夜蛾，在玉米2～3叶期，亩用7～10 g，兑水30～50 L茎叶喷淋，淋透植株。防治玉米草地贪夜蛾，在卵孵盛期至低龄幼虫始盛期，亩用12～15 g，兑水30～50 L喷雾施药1次，茎叶均匀喷雾。安全间隔期为21天。

【生产企业】美国富美实公司。

（6）10%四氯虫酰胺悬浮剂。

【产品特点】内吸性杀虫剂，以胃毒为主，兼具触杀作用，有一定的杀卵活性。在施药之后，药液会迅速渗入叶片内，使害虫停止取食，随后虫体逐渐收缩，慢慢死亡。可用于防治甜菜夜蛾、玉米螟。

【使用方法】亩用20～40 g，兑水30～50 L喷雾防治。甜菜夜蛾低龄幼虫盛发期施药1次，玉米螟卵孵化高峰期至低龄幼虫期施药1次。推荐剂量下，每季作物最多使用1次，在玉米上使用的安全间隔期为14天。大风天或预计1小时内降雨天气，请勿施药。

【生产企业】沈阳科创化学品有限公司。

（7）80亿孢子/mL金龟子绿僵菌CQMa421可分散油悬浮剂。

【产品特点】有效成分为杀虫真菌——绿僵菌分生孢子，能直接通过害虫体壁侵入体内，害虫取食量递减最终死亡。

【使用方法】防治草地贪夜蛾、蚜虫、甜菜夜蛾、二化螟等，在害虫卵孵化盛期或低龄幼虫期，亩用40～60 g，兑水30～50 L喷雾防治。因作用方式为触杀，故喷雾应尽量全面、周到，喷在虫体上或易与害虫接触的植物表面部位。药后12小时内下雨需补施。

【生产企业】重庆聚立信生物工程有限公司。

（8）32 000 IU/mg苏云金杆菌可湿性粉剂。

【使用方法】防治玉米螟、二化螟，在卵孵化盛期至低龄幼虫高峰期施药，亩用100～200 g，兑水30～50 L喷雾，视虫情可用药1～2次，间隔期5～10天。防治玉米草地贪夜蛾，在卵孵盛期至低龄幼虫期，亩用225～300 g，喷雾施药1次。晴天傍晚或阴天全天使用效果最佳；施药后24小时内遇大雨需重施。注意均匀喷雾。

【生产企业】武汉科诺生物科技股份有限公司。

（9）1.5%苦参碱可溶液剂。

【产品特点】植物源农药，兼具杀虫和杀菌的功能。作杀虫剂时能引起害虫中枢神经麻痹，虫体蛋白凝固，从而堵死虫体气孔，使虫体窒息死亡。

【使用方法】防治蚜虫，在发生初期，亩用30～40 mL，兑水30～50 L，均匀喷雾。大风天或预计1小时内降雨天气，请勿施药。使用本品后，至少应间隔10天。

【生产企业】成都新朝阳作物科学股份有限公司。

（10）22%氟啶虫胺腈悬浮剂（特福力）。

【产品特点】新型化学杀虫剂——砜亚胺（sulfoxi-mines）的一员，作用于昆虫神经系统，具有胃毒和触杀作用，用于防治多种作物上的刺吸式口器害虫。

【使用方法】防治蚜虫，在发生始盛期，亩用15～20 mL，兑水30～50 L，均匀喷雾。安全间隔期为14天。

【生产企业】科迪华农业科技有限责任公司。

2. 杀菌剂

（11）25 g/L咯菌腈悬浮种衣剂（适乐时）。

【产品特点】有效成分为咯菌腈，用于种子处理，可防治作物的种传和土传真菌病害。

【使用方法】防治玉米茎基腐病等种传病害，每100 kg种子使用100～200 g加适量清水2～3 L调成浆状液，倒入种子上充分翻拌，待种子均匀着药后，倒出摊开置于通风处，阴干后播种。

【生产企业】瑞士先正达作物保护有限公司。

（12）60 g/L戊唑醇种子处理悬浮剂（立克秀）。

【产品特点】内吸性三唑类杀菌剂，用量较低，持效期较长，防治种传和土传病害，并能减轻一些早期气传病害的危害。

【使用方法】防治玉米丝黑穗病，手工药剂拌种包衣。每100 kg种子使用100～200 g加适量清水2～3 L调成浆状液，倒入种子上充分翻拌，待种子均匀着药后，倒出摊开置于通风处，阴干后播种。

【生产企业】拜耳作物科学（中国）有限公司。

（13）8% 宁南霉素水剂（亮叶）。

【产品特点】胞嘧啶核苷肽型广谱抗生素杀菌剂，具有预防和治疗作用。本品可延长病毒潜育期、破坏病毒粒体结构，降低病毒粒体浓度，提高植株抵抗病毒的能力而达到防治病毒病的作用；同时本品还可抑制真菌菌丝生长，并能诱导植物体产生抗性蛋白，提高植物体的免疫力。

【使用方法】防治玉米粗缩病，在发病前或发病初期，亩用 45～60 g，兑水 30～50 L 均匀喷雾，连续喷 2～3 次，间隔 7～10 天。

【生产企业】德强生物股份有限公司。

（14）18.7% 丙环 · 嘧菌酯悬乳剂（扬彩）。

【产品特点】内吸性杀菌剂，由 2 种作用机理不同的活性成分复配而成，具有保护和治疗双重功效。药剂经植株吸收后可迅速向上传导分布，能有效防治玉米大斑病、小斑病等。

【使用方法】防治玉米大斑病、小斑病，于病害初发期施药 1～2 次，间隔 7～10 天，亩用 50～70 mL，兑水 30～50 L 均匀喷雾，每季作物最多使用 2 次，安全间隔期 30 天。根据作物株高和种植密度调整兑水量，整株叶面均匀喷雾至开始滴水为止。

【生产企业】瑞士先正达作物保护有限公司

（15）250 g/L 吡唑醚菌酯乳油（凯润）。

【产品特点】具有广谱杀菌活性，对叶斑病、黑星病、轴腐病、褐斑病等病害具有较强的防治效果，同时具有保护和治疗作用。

【使用方法】防治玉米大斑病，发病前或发病初期，亩用 30～50 mL，兑水 30～50 L 均匀喷雾，间隔 10～20 天连续施药，每季作物使用 2～3 次；对玉米的植物健康作用：第 1 次施药在玉米 7～10 叶期，第 2 次施药在玉米抽雄吐丝期，每季作物使用 1～2 次，安全间隔期为 10 天。

【生产企业】巴斯夫欧洲公司。

（16）75% 肟菌・戊唑醇水分散粒剂。

【产品特点】由甲氧基丙烯酸酯类杀菌剂肟菌酯和三唑类杀菌剂戊唑醇复配而成，既具有保护作用又具有治疗作用。

【使用方法】防治玉米大斑病，发病前或发病初期，亩用 15～20 mL，兑水 30～50 L 均匀喷雾，每季作物最多使用 2 次，安全间隔期为 14 天。

【生产企业】拜耳股份公司。

3. 除草剂

（17）30% 苯唑草酮悬浮剂（苞卫）。

【产品特点】具有内吸传导作用除草剂，可以被植物的叶、根和茎吸收。杀草谱广，防除玉米田一年生禾本科杂草和阔叶杂草。

【使用方法】玉米苗后 3～5 叶期茎叶处理，一年生杂草 2～5 叶期时喷雾处理，亩用 5.5～6.5 mL，兑水 30 L 均匀喷雾。间套或混种有其他作物的玉米田，不能使用本品。幼小和旺盛生长的杂草对苯唑草酮更敏感。低温和干旱的天气，杂草生长会变慢从而影响杂草对苯唑草酮的吸收，杂草死亡的时间会变长。施药应均匀周到，避免重喷、漏喷或超过推荐剂量用药。一旦毁种，勿再次施用本品。在大风时或大雨前不要施药，避免漂移。每季作物最多使用 1 次。

【生产企业】巴斯夫欧洲公司。

（四）果树篇

果树上使用农药，优先选择使用绿色、高效、安全的农药，减少果实上农药的残留。混用农药时，避免将酸碱性的农药混用、微生物农药与杀菌剂混用，以降低药效、增加成本，并对果品造成药害。多使用植物源、矿物源、动物源、微生物以及特异性农药，对于农药的浓度一定要严格配制，不要随意增加和减少农药浓度，否则会发生药害、造成污染或影响防治效果。要掌握病虫害的发生规律，把握防治时机，交替使用不同作用机理的农药，以保障防治效果，减少抗性。

1. 杀虫剂

（1）16 000 IU/mg 苏云金杆菌可湿性粉剂。

【产品特点】苏云金杆菌经工业发酵生产的纯生物杀虫剂，杀虫谱广、持效期长。

【使用方法】①防治桃树梨小食心虫，稀释 100～200 倍液兑水均匀喷雾。②在害虫 1～2 龄幼虫期施用效果最佳。施用时用足量水均匀喷于作物叶片两面，确保防治效果。③不能与内吸性有机磷杀虫剂和杀菌剂混合使用。对家蚕有毒，养蚕区和桑园附近禁用。

【生产企业】江苏东宝农化股份有限公司。

（2）35% 噻虫 · 吡蚜酮水分散粒剂。

【产品特点】具有胃毒和触杀作用，并具有强内吸性传导性和内吸活性。具有高效、单位面积用药量低、持效期长的特点。

【使用方法】①于桃树蚜虫卵孵化盛期和低龄若虫初期使用，3 500～4 500 倍液均匀喷雾。②施药时应避免药液漂移到其他作物上，以防产生药害。对蜜蜂、鱼类等水生生物、家蚕有毒，（周围）开花植物花期禁用，施药期间应避免对周围蜂群的影响，蚕室和蜂园附近禁用，赤眼蜂等天敌放飞区域禁用。大风天或预计 2 小时内降雨天气，请勿施药。③在桃树上使用的安全间隔期为 10 天，每季作物最多使用 3 次。

【生产企业】山东省青岛奥迪斯生物科技有限公司。

（3）22.4% 螺虫乙酯悬浮剂。

【产品特点】防治刺吸式口器害虫、持效期较长。其作用机理是干扰害虫脂肪合成，阻断能量代谢。其内吸性较强，可在植株体内上下传导。

【使用方法】①防治柑橘树介壳虫、红蜘蛛和梨木虱，稀释4 000～5 000倍液喷雾。于介壳虫孵化初期、红蜘蛛种群始建期、梨木虱卵孵高峰期施药。柑橘树的安全间隔期为20天，梨树为21天，每季作物最多使用2次。②用药时应将药液喷雾在作业叶片上，根据植物大小决定用水量并使作物叶片充分均匀着药。③水产养殖区、河塘等水体附近禁用。开花植物花期、桑园和蚕室禁用。

【生产企业】拜耳股份公司。

（4）50%氟啶虫胺腈水分散粒剂。

【产品特点】作用于昆虫神经系统，具有胃毒和触杀作用，用于防治多种作物上的刺吸式口器害虫。

【使用方法】①防治桃树蚜虫，稀释15 000～20 000倍液，兑水均匀喷雾。桃树的安全间隔期为14天，每个周期最多使用2次。②对蜜蜂、家蚕等有毒。植物花期、蚕室和桑园附近使用。赤眼蜂等天敌放飞区禁用。

【生产企业】科迪华农业科技有限责任公司。

2. 杀菌剂

（5）20%噻菌铜悬浮剂。

【产品特点】具有内吸、保护和治疗的作用。超微粒，悬浮率高；使用安全，对作物、鱼、鸟、蜜蜂、蚕、人畜及有益生物安全，对环境无污染。既有噻唑基团对细菌的独特防效，又有铜离子对真菌、细菌的优良防治作用。

【使用方法】①防治柑橘溃疡病，稀释300～700倍液喷雾；防治柑橘疮痂病，稀释300～500倍液喷雾。柑橘的安全间隔期为14天，每季作物最多使用3次。②在发病初期使用，采用喷雾和弥雾。不可与石硫合剂、波尔多液等强碱性农药混用。③避免污染水源。桑园及蚕室附近禁用。

【生产企业】浙江龙湾化工有限公司。

（6）40% 噻唑锌悬浮剂。

【产品特点】一种低毒噻唑类有机锌杀菌剂，具有保护和治疗作用，内吸性好。

【使用方法】①防治桃细菌性穿孔病，稀释 600～1 000 倍液，全株均匀喷雾。间隔期为 21 天左右，每季作物最多使用 3 次。②不能与碱性农药等物质混用。对鱼类等水生生物有毒，避免药液污染水源和养殖场所。

【生产企业】浙江新农化工股份有限公司。

（7）24% 腈苯唑悬浮剂。

【产品特点】一种内吸、传导、治疗性杀菌剂，具有预防、治疗功效。正常使用技术条件下对幼苗、幼果、幼叶均无药害。持效期长，活性较高，用药量少，喷雾后，不影响叶色和果色。

【使用方法】①防治桃树褐腐病，桃谢花后和采收前（30～45 天），稀释 2 500～3 200 倍液各喷 1～2 次，间隔 15～22 天；防治花期褐腐（花腐），在花芽露红时喷施 1 次。桃树上使用安全间隔期为 14 天，每季作物最多使用 3 次。②对鱼类等水生生物有毒，应远离水产养殖区施药，禁止在河塘等水体中清洗施药器具。应避免药液流入湖泊、河流或鱼塘中污染水源。

【生产企业】科迪华农业科技有限责任公司。

（8）43% 氟菌·肟菌酯悬浮剂。

【产品特点】氟吡菌酰胺和肟菌酯的复配剂，2 种不同作用机理的化合物之间的协同作用，能直接有效地控制多种果树上的真菌性难防病害。氟吡菌酰胺是一种苯甲酰胺类杀菌剂，不但持效期长、杀菌广谱，其良好的渗透性还可以让漏喷部位也得到药剂的保护。肟菌酯类杀菌剂广谱，在土壤和水中可快速降解。

【使用方法】①在病害发生初期使用本品喷雾防治病害，防治葡萄白腐病，稀释 3 000～4 000 倍液喷雾。②对水生生物有极高毒性风险，药品及废液严禁污染各类水域、土壤等环境；水产养殖区、河塘等水体附近禁用；严禁在河塘清洗施药器械。③鸟类保护区禁用，如果施药田地紧邻桑树园，则该桑树园最外围一行的桑树叶子不可使用。④安全间隔期：葡萄为 14 天；每季葡萄最多使用 2 次。

【生产企业】拜耳股份公司。

（9）60% 唑醚·代森联水分散粒剂。

【产品特点】杀菌谱广，持效期长，作用迅速，而且耐雨水冲刷，对环境安全。甲氧基丙烯酸类杀菌活性成分吡唑醚菌酯，在施药几分钟后即可穿透到叶片中，并在叶片组织内扩散，直接破坏真菌线粒体呼吸链——真菌生存的关键，起效迅速，作用持久。同时另一有效成分代森联为复合酶抑制剂，可影响病菌细胞内多种酶的活性，阻止病菌孢子的萌发，抑制病菌芽管的生长，使病菌无法侵染植物组织。

【使用方法】①防治葡萄霜霉病、白腐病，稀释 1 000～2 000 倍液喷雾。防治柑橘树炭疽病，稀释 750～1 500 倍液，防治柑橘疮痂病，稀释 1 000～2 000 倍液喷雾防治。防治桃树褐斑穿孔病，稀释 1 000～2 000 倍液喷雾防治。于发病前或发病初期用药，每季作物最多使用 3 次，西瓜、甜瓜和葡萄的安全间隔期为 7 天，柑橘树 21 天，桃树 28 天。②现混现兑，配好的药液要立即使用。操作时不要污染水面或灌渠。药液及其废液不得污染各类水域、土壤等环境。

【生产企业】巴斯夫欧洲公司。

二、非农药类防控产品

非农药类防控产品推荐名录见表 2。

表 2　奉贤区 2023 年非农药类防控产品推荐名录

序号	产品名称	生产企业	应用范围
1	性诱剂（稻纵卷叶螟、二化螟、大螟）及支架	宁波纽康生物技术有限公司	水稻
2	百日菊、秋英、万寿菊、黄秋英、柳叶马鞭草、大花糯米条、白（红）车轴草	上海农友植物医院有限公司	水稻、瓜果
3	香根草	上海农友植物医院有限公司	水稻、瓜果
4	赤眼蜂	福建艳璇生物防治技术有限公司	水稻、蔬菜、瓜果
5	智利小植绥螨	首伯农（北京）生物技术有限公司	瓜果
6	熊蜂	南京尚蜂生物科技有限公司	蔬菜、瓜果
7	性诱迷向丝（梨小食心虫）	深圳百乐宝生物农业科技有限公司	瓜果
8	性诱剂（小菜蛾、甜菜夜蛾、斜纹夜蛾）	宁波纽康生物技术有限公司	蔬菜、瓜果
9	全降解诱虫板、普通诱虫板及插杆	上海盛谷光电科技有限公司	蔬菜、瓜果
10	捕食螨	北京中捷四方生物科技股份有限公司	蔬菜
11	丽蚜小蜂、赤眼蜂	北京中捷四方生物科技股份有限公司	蔬菜

（续表）

序号	产品名称	生产企业	应用范围
12	异色瓢虫	北京中捷四方生物科技股份有限公司	蔬菜
13	小菜蛾信息素迷向剂	江苏宁录科技股份有限公司	蔬菜
14	性诱剂装置（性诱剂支架、诱捕器）	上海盛谷光电科技有限公司	蔬菜
15	生物食诱剂（食诱包、诱捕器、加强型粘板）	深圳百乐宝生物农业科技有限公司	蔬菜
16	黄曲条跳甲诱芯	上海穗康农业科技有限公司	蔬菜
17	信息素全降解诱虫板（诱杀蚜虫、粉虱、蓟马、跳甲	北京中捷四方生物科技股份有限公司	蔬菜
18	PLT-A 信息素光源诱捕器	北京中捷四方生物科技股份有限公司	蔬菜
19	全降解抑草地膜	上海盛谷光电科技有限公司	蔬菜
20	全降解抑草地膜	上海穗康农业科技有限公司	蔬菜
21	秋英、百日菊、黄秋英、诸葛菜	酒泉博卉农业有限公司	蔬菜
22	园艺地布和地钉	上海乐缘农业科技推广有限公司	蔬菜
23	防虫网	上海乐缘农业科技推广有限公司	蔬菜
24	太阳能杀虫灯（频振式杀虫灯、自动清虫杀虫灯、物联网杀虫灯）及配件	上海盛谷光电科技有限公司	蔬菜

第二节 奉贤区先进高效大中型植保机械

为应对奉贤区农村劳动力紧张，农业生产中农药喷洒作业的需求量大，防治技术要求高等问题，历年来区农技中心通过引进先进新型植保药械，开展试验示范，着力推广应用自走式喷杆喷雾机、无人施药植保机等具有防治效率高、智能化操作、日作业能力强的大中型植保药械，进一步提升防治技术，提高农药利用率，以此作为农业生产迈向现代化的一个重要抓手，不断促进与增强专业化统防统治组织的服务能力。

一、动力喷雾机

动力喷雾机主要由机架、离心式水泵及管道、汽油发动机、油箱、药箱、喷管 6 个部分组成，具有压力高、喷雾幅宽、工作效率高、劳动强度低等特点。

（一）产品特点和用途

动力喷雾机（助走）3WH-40，果蔬省力化机械。由无锡亿丰丸山科技有限公司负责组装、销售、服务，株式会社丸山制作所提供技术、研发、部件（彩图一）。

（1）机器可自走，带搅拌器、选配 2 把喷枪。

（2）130 m 软管可自动回收（可再延接）。

（3）配合各种喷枪，达到不同效果，可在温室、菜园、果园、小块田地等多种场合使用。

（4）配合丸山安定的泵，专业喷枪实现均等喷洒。

（二）主要参数表

动力喷雾机（助走）3WH-40 的主要参数见表 3。

表 3　动力喷雾机（助走）3WH-40 参数

型号	3WH-40
尺寸（长、宽、高）	1 305 mm × 760 mm × 1 330 mm
重量	156 kg
吸水量	41 L/min
最高压力	5 MPa
发动机型号	日本三菱 GB290LN
功率	4.4 kW/6.0 PS（额定）
喷雾软管（mm × M）	11.5 mm × 130 M

二、自走式风送喷雾机

风送喷雾技术是联合国粮农组织推荐使用的喷雾技术，风送喷出来的气流可以让雾滴强效二次雾化，气流还能使叶子来回翻动，正反面都能着药，且能将药物吹送到树冠内部，不留死角。

（一）产品特点和用途

自走式风送喷雾机 3WGZ-500，由无锡亿丰丸山科技有限公司负责组装、销售、服务，株式会社丸山制作所提供技术、研发、部件（彩图二）。

（1）效率是手动喷雾的 10 倍，每亩仅需 2 分 40 秒。

（2）风送式喷雾，不会产生喷雾死角，实现均匀喷洒。

（3）喷出来的细雾包裹在枝叶上，实现切实防除。

（4）搭载陶瓷喷头和三联陶瓷动喷，耐腐蚀性强。

（5）四轮驱动，转弯半径小，只有 2.3 m，通过性好。

（二）主要参数表

自走式风送喷雾机 3WGZ-500 的主要参数见表 4。

表 4　自走式风送喷雾机 3WGZ-500 参数

<table>
<tr><td colspan="2">型号</td><td colspan="2">3WGZ-500</td></tr>
<tr><td colspan="2">名称</td><td colspan="2">自走式风送喷雾机</td></tr>
<tr><td colspan="2">机体尺寸（长 × 宽 × 高）</td><td colspan="2">2 990 mm × 1 225 mm × 1 120 mm</td></tr>
<tr><td colspan="2">机体重量</td><td colspan="2">715 kg</td></tr>
<tr><td colspan="2">喷幅 / 水平射程</td><td colspan="2">35 600 mm</td></tr>
<tr><td rowspan="8">引擎</td><td>驱动对象</td><td colspan="2">单引擎</td></tr>
<tr><td>型号</td><td colspan="2">D902</td></tr>
<tr><td>种类</td><td colspan="2">水冷 4 冲程 3 缸柴油机</td></tr>
<tr><td>总排气量</td><td colspan="2">898 cm^3</td></tr>
<tr><td>输出 / 运转速度</td><td colspan="2">11.8 kW（16 ps）/ 23 00 r/min</td></tr>
<tr><td>使用燃料</td><td colspan="2">柴油</td></tr>
<tr><td>燃料箱容量</td><td colspan="2">20 L</td></tr>
<tr><td>驱动方式</td><td colspan="2">电池启动</td></tr>
<tr><td rowspan="6">行走部</td><td>方式</td><td colspan="2">4 轮驱动</td></tr>
<tr><td rowspan="2">轮胎</td><td>前轮</td><td>19 × 8.00-10 4PR</td></tr>
<tr><td>后轮</td><td>19 × 8.00-10 4PR</td></tr>
<tr><td>变速段数</td><td colspan="2">前进 6 段，后退 2 段</td></tr>
<tr><td rowspan="2">行走速度（引擎定额输出）</td><td>前轮</td><td>1.4～12.7 km/h
（最高 15.5 km/h）</td></tr>
<tr><td>后轮</td><td>2.5/8.3 km/h</td></tr>
</table>

（续表）

<table>
<tr><td colspan="2">机体最外侧最小旋转半径</td><td>2.3 m</td></tr>
<tr><td colspan="2">药剂箱容量</td><td>500 L</td></tr>
<tr><td colspan="2">搅拌方式</td><td>双滚动方式</td></tr>
<tr><td rowspan="5">喷雾用泵</td><td>名称</td><td>MS625S</td></tr>
<tr><td>形式</td><td>三联活塞泵</td></tr>
<tr><td>常用运转速度</td><td>1 350 r/min</td></tr>
<tr><td>常用吐出压力</td><td>1.5 MPa（15 kg f/cm^2）</td></tr>
<tr><td>吐出量
（吸水量）</td><td>55 L/min</td></tr>
<tr><td rowspan="2">供水泵</td><td>形式</td><td>可选配件，射流泵</td></tr>
<tr><td>吐出量</td><td>125 L/min</td></tr>
<tr><td rowspan="3">送风机</td><td>形式</td><td>轴流式</td></tr>
<tr><td>常用运行量</td><td>2 300 r/min</td></tr>
<tr><td>叶轮直径</td><td>620 mm</td></tr>
<tr><td rowspan="4">喷嘴</td><td>种类</td><td>陶瓷喷嘴</td></tr>
<tr><td>数量</td><td>16 个</td></tr>
<tr><td>最大喷雾量</td><td>43.2 L/min</td></tr>
<tr><td>分割数</td><td>4 分割</td></tr>
</table>

三、喷杆喷雾机

喷杆喷雾机是装有横喷杆或竖喷杆的一种液力喷雾机，主要有牵引式、悬挂式和自走式 3 种。由于农户种植作物时，不愿意留置喷雾机作业行，故牵引式、悬挂式喷杆喷雾机的选用受到了抑制；而自走式喷杆喷雾机自身重量轻、自备动力、自给加水且操作方便，可在水、旱环境下平稳连续作业，且准确调整喷雾量，防止重喷、漏喷、过量、漂移等问题，近几年深受统防组织的青睐。

（一）产品特点和用途

自走式喷杆喷雾机 3WPZ-510/8（彩图三），由无锡亿丰丸山科技有限公司负责组装、销售、服务，株式会社丸山制作所提供技术、研发、部件。喷头采用耐磨损陶瓷材料制成，喷头采用 90° 最佳喷雾角度，雾化性能更好。为了保证行走和作业安全性将药箱设计在机器的中部，药箱整体尺寸形状设计可以保证喷雾机在行走作业条件下 4 个驱动轮分配重量相同，确保喷雾机有良好的通过性能。专业的喷雾旋转设计，可以将药液喷洒到作物叶片的各个部位，保证了喷洒作业的均匀性。采用 HST 无级变速装置，可以根据要求在驾驶位置方便调整作业速度。采用前后同步转向减少在转弯时机器轮胎对秧苗的损伤。喷雾机采用前后四轮驱动的同时，带有差速锁装置保证了机车在泥泞陷车地段能顺利通过。喷雾机通过地隙高达 80 cm。经过近 2 年来的使用调查，喷雾机在水田作业综合压苗率仅为 3‰。

（1）机器通过性强，四轮驱动、四轮转向，带有中央差速锁。

（2）专业喷雾系统，陶瓷喷头、陶瓷喷雾泵，配有蔬菜喷头。

（3）驾驶操作简单，配有 HST 无级变速，选配驾驶辅助系统。

（4）安全可靠性高，搭载喷雾水平装置，行驶倾斜警告装置。

（二）主要参数

自走式喷杆喷雾机 3WPZ-510/8 的主要参数见表 5。

表 5 自走式喷杆喷雾机 3WPZ-510/8 参数

<table>
<tr><td colspan="2">型号</td><td>3WPZ-510/8</td></tr>
<tr><td rowspan="6">机体尺寸</td><td>全长</td><td>3 500 mm</td></tr>
<tr><td>全宽</td><td>1 810 mm</td></tr>
<tr><td>全高</td><td>2 290 mm</td></tr>
<tr><td>轮距</td><td>1 540 mm</td></tr>
<tr><td>有效离地高度</td><td>1 100 mm（轴壳）</td></tr>
<tr><td>最低离地高度</td><td>1 055 mm</td></tr>
<tr><td colspan="2">质量</td><td>880 kg</td></tr>
<tr><td rowspan="5">引擎</td><td>名称</td><td>柴油机</td></tr>
<tr><td>类型</td><td>水冷 4 冲程 3 缸立式柴油引擎</td></tr>
<tr><td>额定功率</td><td>13.5 kW（18.4 ps）300 r/min</td></tr>
<tr><td>燃料箱容量</td><td>20 L</td></tr>
<tr><td>起动方式</td><td>电启动</td></tr>
<tr><td rowspan="7">行走部</td><td>类型</td><td>4WD · 4WS</td></tr>
<tr><td>操作方式</td><td>全油压动力转向装置</td></tr>
<tr><td>变速段数</td><td>HST（无段速）副变速 2 段</td></tr>
<tr><td>行走速度</td><td>移动行走：0～11 km/h
播散：0～4.2 km/h</td></tr>
<tr><td>制动器</td><td rowspan="2">湿式多板机械式</td></tr>
<tr><td>（兼用与用于停车刹车）</td></tr>
<tr><td>轮胎（前 · 后）</td><td>120/90-26 6PR（空气压 300 kPa）</td></tr>
<tr><td colspan="2">药箱容（L）</td><td>510 L（最大 545 L）</td></tr>
</table>

（续表）

<table>
<tr><td colspan="2">搅拌方式</td><td colspan="2">喷流搅拌</td></tr>
<tr><td rowspan="3">喷雾用泵</td><td>名称</td><td colspan="2">MS625S</td></tr>
<tr><td>类型</td><td colspan="2">三缸活塞泵</td></tr>
<tr><td>吸水量</td><td colspan="2">62 L/min</td></tr>
<tr><td colspan="2">喷雾作业压力</td><td colspan="2">1.0～2.5 MPa</td></tr>
<tr><td rowspan="7">防除装置部</td><td>展臂装置类型</td><td colspan="2">双臂式、手动开合、电动上下</td></tr>
<tr><td>喷嘴种类</td><td colspan="2">陶瓷锥形喷嘴、侧喷嘴</td></tr>
<tr><td rowspan="2">喷嘴个数</td><td>陶瓷锥形喷嘴</td><td>26 个</td></tr>
<tr><td>侧喷嘴</td><td>2 套（喷头：6 个）</td></tr>
<tr><td>伸缩数</td><td colspan="2">3 段</td></tr>
<tr><td>喷幅</td><td colspan="2">12 m</td></tr>
<tr><td>喷嘴离地高度</td><td colspan="2">470～1 395 mm</td></tr>
</table>

四、植保无人驾驶航空器

植保无人驾驶航空器俗称植保无人机，是用于农林业植物病虫害防治、播种施肥等作业的无人驾驶飞行器，由飞行平台、飞控系统、喷洒或播撒（负载）系统 3 部分组成的通过地面站、遥控器或自主飞行来实现喷洒或播撒作业。近年来发展迅猛，目前市场上的植保无人机根据动力部分不同可分为电动、油动和混合动力类；根据升力结构不同可分为固定翼、单旋翼、多旋翼 3 类。其中油动无人机的优点在于抗风能力强、续航能力强、作业面积大，但是价格高且对于飞手的操作要求高；电动无人机稳定性好，培训期短，易于操作和维护，且维修费用低、操作维保简单、稳定性高、垂直且快速起降、空中悬停、灵活性强等优势，已成为当前应用前景最广泛的机型。

（一）产品特点和用途

大疆 T50 农业无人机（彩图四）是深圳市大疆创新科技有限公司最新研制的植保机械，主要应用于肥料撒播、病虫草害管理、空中调运等。

1. 安全性优化设计

拥有 4 个双目视觉，前后有源相控阵雷达，全向避障和仿地能力大为提升。

2. 机身可靠性提升设计

卡扣增加二级锁；脚架安装减震垫；机臂由 50 MM 碳纤加粗到 54 MM；机臂增加防磨垫。

3. 动力可靠性提升设计

使用 M6 螺丝，一体化桨夹，避免盖子丢失，强化电机座，加强防磨垫片，寿命大幅提升。

4. 信号稳定及防护增加优化设计

前后四 SDR 天线，信号更稳定；前后翻盖，维护便利；全新插头布局，防护性强，快速维修。

5. 喷洒性能提升

最大流量 16 L/min，可选装离心喷头套装变成四喷头，使得流量提升至 24 L/min；转速 2 000～14 000 r/min，雾滴 50～500 μm；最大有效喷幅 11 m；双层雾化离心喷头，不易堵塞，对粉剂适应性强。

6. 播撒系统结构优化

无料检测；播撒盘电机，电机扭矩翻倍，避免堵转；硬质帽檐更牢固；螺旋甩盘，更均匀；大 / 小口仓门，无论是肥料还是农作物种子（油菜、蚕豆）都可以。

（二）大疆 T50 农业无人机工作原理

农业无人机由遥控器、无人机、喷洒系统 3 部分构成。通过遥控器实现对无人机的所有操作，无人机装载喷洒或播撒系统实现作业。

1. 遥控器

遥控器和无人机通过对频操作来实现匹配。遥控器与无人机之间的信号，通过天线来传递，遥控器自带网卡，但是遥控器的地块上传，下载作业任务的上传都需要通过连接 Wi-Fi 进行联网操作。

2. 无人机

（1）动力系统。锂电池提供动力，电调是电机的控制器，电机驱动螺旋桨最终产生升力，无人机起飞。多旋翼无人机是通过改变各个电机的转速，从而实现不同的动作。一般来说，每部无人机，一半的螺旋桨是逆时针旋转，另一半则顺时针旋转。

（2）卫星定位。无人机能够按照既定的航线稳定飞行，需要借助于卫星定位，也就是遥控器的全球导航卫星系统（Global navigation satellite system，GNSS）。基于卫星定位，无人机才能稳定地悬停和自主作业。网络实时动态（real-time kinematic，RTK）是一种高精度的定位技术，误差精度能达到厘米级别。T50 农业无人机上拥有 2 个蘑菇头，它是 RTK 天线，2 个 RTK 天线能实现定向功能，类似于指南针作用，能够提高无人机的飞行准确性以及抗电磁干扰能力。如果没有 RTK 定向功能，那无人机只能由指南针来进行定向。

（3）雷达。无人机可以通过雷达波实时感知到周围的环境和障碍物的存在，从而实现避障功能。向下的雷达波能够在探测障碍物的同时，还能确定无人机的相对高度，在实现避障的同时，支持辅助定高。打开雷达定高，无人机将会实现仿地飞行，即使地形有变化，无人机也能够保持与地面的相对高度不变。

3. 喷洒系统

T50农业无人机采用离心喷洒系统，由药箱、滤网、叶轮泵、双重雾化离心喷嘴共同构成，其中药箱承载药液，滤网过滤杂质，水泵将药液泵出，而喷头将药液进行雾化。流量计在药箱和水泵之间，用于计算实际流量，使得流量控制更精准。称重传感器，用于确认药液量或播撒的重量，是无药报警的信号来源，并且能够智能补给点预测，提前判断无药点，从而提高作业效率及节省电池消耗。

离心喷洒系统其转速越高则雾滴越细，采用标配双重雾化甩盘，选择雾滴粒径最粗时，转速为6 500 r/min，雾滴平均粒径为140 μm；选择雾滴粒径最细时，其转速为14 000 r/min，雾滴平均粒径为60 μm。在同样的容量下，雾滴越细，雾滴数量会越多，有利于提升杀虫杀菌作业效果。但是雾滴越细，导致雾滴容易被蒸发，漂移也更明显，所以夏季大田作业时，选择中雾滴。除草作业应选择粗雾滴，果树作业可采用最细雾滴，严禁除草作业采用细雾滴和最细雾滴，因为除草剂一旦漂移，药害风险极高。

（三）大疆T50农业无人机的使用与操作注意事项

飞行高度较高时存在喷雾对靶性不好；药液浓度高易产生药害；雾滴直径小，沉降时间长易蒸发漂移；受风力、风向影响大，喷雾均匀性不佳等方面的不足。

（1）尽量选择飞防专用药剂，如果没有飞防专用药剂，建议加入防止药液蒸发、加速药剂沉降的助剂。在喷洒杀虫剂和杀菌剂时，每亩施药液不应少于1 L，喷洒除草剂时施药液应在

2 L 以上，以确保防效。

（2）注意药剂的安全性，需提前评估药剂对下风向的作物是否安全。如杀虫剂漂移到桑树上，可能会造成蚕的死亡。

（3）在夏季中午高温时段作业，不仅雾滴会大量蒸发，且药剂产生药害的概率大为增加，所以应该避免高温时段作业。

（4）在三级以上大风情况下，雾滴会随风漂移较远距离，此时进行除草剂作业，将可能造成大面积漂移药害，所以应该禁止在二级以上风速进行除草剂作业。

（5）农业无人机飞行速度较快，螺旋桨高速旋转，人员需随时与农业无人机保持 6 m 以上安全距离。

（6）田间有人情况下严禁飞行，避免意外伤害事故。

（7）田间存在电线一定要提前观察，注意障碍物的位置，避免撞击障碍物。

（8）如无人机与高压线发生撞击，机臂导电，触电有生命危险，切记不可自行处理，请联系供电公司，由专业人员处理。

第三节　奉贤区主要农作物绿色防控技术

农业部 2015 年、2016 年印发《农作物病虫专业化统防统治与绿色防控融合推进试点方案》通知，中央一号文件 2018 年提出《中共中央　国务院关于实施乡村振兴战略的意见》，以上文件均对专业化统防统治与绿色防控融合提出了明确要求，要大力发展统防统治与绿色防控融合模式。

奉贤区紧跟农业农村部要求，朝着现代农业发展的方向，遵循“预防为主、综合防治”的植保方针，通过积极探索与示范，推动了本区专业化统防统治与绿色防控技术的融合，实现病虫害综合治理、农药减量控害。本节重点介绍历年来得到推广与应用的主要农作物绿色防控技术。

一、水稻病虫草害绿色防控技术

近年来，奉贤区在水稻病虫草害的防控工作上，始终贯彻“预防为主、综合防治”的方针，以“科学植保、公共植保、绿色植保”的理念为引领，大力示范推广应用基础性预防技术、生态调控及生物防控技术和科学用药技术等相结合的绿色防控技术。通过一系列技术的应用，大大降低了化学农药的使用次数和使用量，减少农业面源污染，推动农田生态系统平衡，确保农业生产安全和农产品质量安全。

（一）基础性预防技术

1. 茬口安排

奉贤区水稻种植单季晚稻，茬口安排为“水稻 +X”，X 通常为绿肥、二麦、油菜和冬耕养护等，通过轮作换茬和休耕可降低病原菌基数和杂草发生基数并提高土壤肥力，改善土壤理化性状。

2. 选用抗（耐）性品种

根据近年来奉贤区水稻生产的实际需求，选择抗（耐）稻瘟病、稻曲病、稻飞虱等病虫害的水稻品种，如申优系列、花优 14 等推广栽培，避免种植高（易）感品种，合理布局种植不同遗传背景的水稻品种。

3. 精选稻种

播种及育秧前对稻种进行筛扬，淘汰掉稻种中杂质、空瘪粒和杂草种子，防止杂草种子远距离传播与危害。

4. 适期播种

在确保水稻生育期的前提下，可适当推迟播种期，直播稻5月25日以后播种；移栽稻5月20日播种，6月15日后移栽，避开螟虫一代产卵盛期和灰飞虱集中迁移危害期。

5. 阻隔育秧

统一育秧，育秧时采用无纺布全程覆盖，构建人工屏障，阻隔稻飞虱，预防病毒病，阻隔螟虫产卵，减少发生基数，培育无病虫壮秧。

6. 健身栽培

【合理密植】采用机穴播或机插秧，严格控制播种量，实施精量播栽，确保合理播栽密度，建立合理群体起点，改善田间通风透光条件，常规稻品种基本苗控制8万～10万株/亩，杂交稻品种基本苗控制在4万～5万株/亩。

【水肥管理】注重氮磷钾养分平衡施用，全生育期总氮化肥用量（折纯氮）13～16 kg/亩，基蘖肥与穗肥比例为8.5∶1.5，氮（N）∶磷（P_2O_5）∶钾（K_2O）养分配比1∶0.25∶0.3左右；切实加强水稻全生育期水浆管理，掌握湿润灌溉，适时晒田，控制田间湿度，实现以水调肥、以水控草、以气促根。稻纵卷叶螟发生严重时，适当调节搁田时间，降低幼虫孵化期田间湿度，在化蛹高峰期灌深水2～3天，杀死虫蛹。

7. 耕翻灌水

修缮农田基础设施，使田埂完整，沟渠通畅，确保良好的保水和排灌功能。实施精细化、标准化机械作业，有效提高机械耕整地质量，力争同一块田块高低落差控制在5 cm以内。

【翻耕灭蛹】在越冬代螟虫化蛹期，利用螟虫化蛹期抗逆性弱的特点，统一翻耕绿肥田、冬闲田，并灌深水浸没稻桩7～10天，降低虫源基数。

【养草灭草】播栽早熟稻田块：4月中旬提前耕翻后及时上深水，使杂草种子吸足水分，随后田间保持湿润，诱导杂草种子提早萌发出苗，20～30天后翻耕（播栽前5～7天）。播栽常规稻田块：5月初翻耕后灌深水2～3天，田间自然落干后保持干湿交替的水浆管理，诱发田间杂草种子出苗，待杂草苗齐后（翻耕后15～20天）再次翻耕消灭已出苗杂草，随后及时跟进整田播栽，缩短杂草生长空间。

【纱网拦截】在进水口安置尼龙纱网，拦截杂草种子、福寿螺成虫及卵块和带有纹枯病、稻瘟病等病害病菌的秸秆杂质，有效降低病害、草害的发生基数和福寿螺种群数量。

【培肥地力】种植蚕豆、紫云英等绿肥的田块，耕翻后泡水腐熟1个月左右，可培肥地力，提高土壤有机质。

8. 机械清理

严格清理机械，清除跨区或跨地作业机械所携带的杂草种子，防止杂草种子随农机传播。

（二）生态调控及生物防控技术

1. 粘虫板

在稻飞虱、稻蓟马、蚜虫、叶蝉等小体害虫危害的秧田，每亩放置8～10张黄色/蓝色可降解粘虫板，利用昆虫的趋色性进行诱杀。

2. 性诱剂

选用持效期2个月以上的诱芯和干式飞蛾诱捕器，从越冬代螟虫始蛾期开始，集中连片使用性诱剂。按照外密、内疏的布局方法，平均每亩放置一套，放置高度以水稻分蘖期距地面50 cm、穗期高于水稻顶端10 cm为宜。

3. 构建生态植被

【显花植物】田埂边种植大花六道木、柳叶马鞭草、秋英、芝麻、大豆等可为天敌提供花粉、花蜜等食物资源的显花植物，保护和提高寄生蜂、蜘蛛、黑肩绿盲蝽等天敌的成虫寿命和控害能力。

【诱集植物】利用香根草能诱集大螟、二化螟等钻蛀性害虫产卵的特性，可在路边沟边按 3～5 m 间距选用繁育苗种植，减少螟虫在水稻上的着卵量，且香根草含有对螟虫幼虫致死作用的有毒活性物质，孵化幼虫啃食叶片后，将逐渐丧失解毒代谢能力而死，有效降低大螟和二化螟等螟虫的种群基数。

【储蓄植物】插花种植茭白、荷花等储蓄作物，为天敌提供替代寄主、食料和庇护场所，保持天敌种群稳定，同时有利于青蛙的生存与繁育，保护青蛙种群，维护稻田生态平衡。

【田埂留草】农田四周田埂保留禾本科杂草，不施用草甘膦等灭生性除草剂。水稻分蘖后期和灌浆期采用机械割草的方式各进行一次田埂除草，并将杂草原地堆放，为天敌提供栖息地。

【生态绿肥】播种蚕豆、豌豆、紫云英等绿肥，为天敌提供冬闲时期繁衍的生境。

4. 天敌控害

在稻纵卷叶螟、二化螟发蛾始盛期释放稻螟赤眼蜂，每代放蜂 2～3 次，每次间隔 3～5 天，亩放蜂量 2 万～3 万头。每亩均匀设置 5～8 个点位，放蜂高度以分蘖期蜂卡高于植株顶端 5～20 cm、穗期低于植株顶端 5～10 cm 为宜。

5. 生态种养

有条件的地方可以开展稻田养鸭、养蟹、养鱼、养鳖、养虾、养鳅等共作生态种养模式，通过养殖生物的取食活动，减轻水稻田杂草、纹枯病和稻飞虱等病虫草害的发生危害。

（三）科学用药技术

1. 用药原则

一是明确不同阶段的防控主要任务，通过测报掌握的病虫害发生程度确定大田防治时间和防治对象，尽可能减少用药次数，水稻生长前期放宽防治指标，尽量少用药。二是优先选择对天敌影响小的生物农药，当病虫害大发生，需要施用应急防治药剂时选用高效、低毒、低残留、对天敌安全的药剂种类。三是虫害不打保险药，严格执行达标用药，病害以预防为主，在发病初期用药。四是提倡不同作用机理的药剂合理轮用，避免一季多次单一使用同一药剂，防止产生抗药性，并严格执行农药使用操作规范，注意农药安全间隔期。五是与统防统治相结合，通过实行“统一决策防治、统一组织防治、统一回收农药包装废弃物”的服务模式，减少农药使用量，提高防治效果，控制农业面源污染。六是生态种养区域及周边应慎重选择防治药剂，避免对养殖活动造成损害，若选择施用生物农药，应适当提前施用以确保防效。

2. 防治策略

【杂草防除】稻田杂草以药剂防除为主，人工拔除为辅，坚持“防早、防小”的原则。在水稻播种前后、杂草芽前进行封闭处理是目前防除稻田杂草效果最好、效率最高、成本最低的防除措施。可根据不同种植方式和杂草发生情况选择“二封一杀一补”或“一封一杀一补”的相应防控措施。机插稻田根据往年杂草发生情况，发生严重的田块采取移栽前和移栽后 2 次封闭措施，常年杂草发生轻的田块根据实际选择移栽前或移栽后一次封闭；机穴播田采用播后苗前（播后 0～3 天）和苗后（播后 10～15 天）2 次封闭。对因各种原因导致失防田块，根据杂草不同草相选择对应的茎叶处理剂进行补除，尽可能挽回杂草危害造成的损失，补除时，施药前应排干田水，药后1天复水并保水3～5天。

【病虫害防治】根据上海郊区水稻病虫害发生规律以及往年防控经验，坚持“预防秧苗期、放宽分蘖期、保护成穗期”的药剂防治策略。①种子处理和带药移栽。选用25 g/L咯菌腈悬浮种衣剂每100 kg种子500 mL的量稀释拌种，阴干后再浸种催芽。机插稻移栽前2～3天前施用春雷霉素、氯虫苯甲酰胺、吡虫啉等药剂，以预防稻瘟病、螟虫和稻飞虱、稻蓟马及其传播的病毒病。②水稻前期用药。主要防治对象为稻纵卷叶螟和纹枯病，目标任务是压低基数，抑制本地病虫的发展，减轻后期防控压力。稻纵卷叶螟不打保险药，严格按照防治指标用药，选择甘蓝夜蛾核型多角体病毒、短稳杆菌、苏云金杆菌等生物药剂或氯虫苯甲酰胺、氰虫·甲虫肼等对天敌相对安全的化学药剂，防治时间尽可能后移。③水稻中期用药。主要防治对象为稻纵卷叶螟、稻飞虱、螟虫和纹枯病，目标任务是控制上述病虫害的危害。稻纵卷叶螟和螟虫选用防控适期相对较宽的高效药剂，纹枯病根据第一次防治效果和发生程度选择嘧菌酯、噻呋酰胺类药剂或井冈霉素类药剂。④水稻穗期用药。主要防治任务为穗期保护，针对纹枯病、稻曲病、穗颈瘟、穗腐病、稻飞虱、螟虫等病虫害选择相应药剂组合用药。

二、蔬菜病虫害绿色防控技术

蔬菜病虫害绿色防控是持续控制蔬菜病虫害、保障蔬菜生产安全的重要手段，是促进蔬菜标准化生产、提升蔬菜质量安全水平的必然要求，是降低农药使用风险、保护生态环境的有效途径。推进蔬菜绿色防控是贯彻“预防为主、综合防治”的植保方针，实施“绿色植保”战略的重要举措。蔬菜病虫害绿色防控技术的核心是通过生态调控、物理防治、生物防治和科学化防等环境友好型措施控制病虫害。

（一）杀虫灯诱杀技术

频振式杀虫灯是利用昆虫的趋光、趋波等特性诱杀害虫的新型防治技术。具有诱杀力强、对益虫影响小、操作方便等特点。使用杀虫灯诱杀蔬菜害虫必须做到使用技术规范，管理科学到位，才能取得理想的效果。

【诱杀种类】杀虫灯可诱杀鳞翅目、鞘翅目、直翅目、同翅目等趋光性强的害虫，如小地老虎、金龟子、夜蛾等。

【挂灯密度】露地栽培集中大面积连片使用，在光源充足的情况下单灯控害面积推荐 1.00～1.67 hm^2，在光源相对较少的地方单灯控害面积推荐 2.00～2.67 hm^2。

【挂灯高度】①露地贴地矮秆作物，如露地十字花科（青菜、大白菜、甘蓝等）及葱蒜类蔬菜，挂灯高度一般推荐 80～100 cm。②设施栽培棚架作物，如设施番茄、黄瓜、豇豆等和水生蔬菜（茭白），挂灯高度一般推荐 100～120 cm。

【挂灯和开关灯时间】上海菜区杀虫灯的应用时间为每年 4—11 月，4 月底应将杀虫灯挂出，11 月将其收回。每天的开灯时间为 19—5 时。由于每天傍晚至 22 时是杀虫灯诱杀害虫的最佳时间，因此，时间可设定的杀虫灯最佳开灯时间段为 19—24 时。

【杀虫灯日常维护和保养】①及时清洗接虫袋和清刷高压电网。杀虫灯接虫袋必须 3 天清洗 1 次，夏季高温季节应每天清洗，以利于提高害虫诱杀效果。杀虫灯的高压触杀网残体及其他杂物应每天清刷 1 次，清刷前需关闭电源。②正确安装和及时收储。杀虫灯应挂置于电线杆或吊挂在牢固的物体上，特别是在台风或大风来临之际，要绑牢杀虫灯，不使它晃动太大。

使用结束后，及时把杀虫灯清洗干净，储放在通风、干燥的地方。③检修。第 2 年挂灯前需要进行仔细检查，及时更换或自更换损坏零部件，灯管推荐 1 年更换 1 次。④安全使用。杀虫灯作为一种特殊光源，不能用于照明。接通电源后不能触摸高压电网，雷雨天不能开灯。使用时要注意安全。

（二）性诱剂诱杀技术

性诱剂诱杀技术是利用害虫的性生理作用，通过诱芯释放人工合成的雌性信息素引诱雄蛾至诱捕器，杀死雄蛾，达到减少虫量、防治虫害的目的。性诱防治技术具有选择性高、专一性强、与其他技术兼容性好、对环境安全等特点。

【性诱剂使用时间】性诱剂使用时间应根据靶标害虫发生的时间确定和调整。总的原则是在害虫发生早期，虫口密度较低时开始使用，并且连续使用。参考时间：斜纹夜蛾、甜菜夜蛾推荐 5—11 月；小菜蛾推荐 4—6 月和 9—10 月；小地老虎推荐 3—4 月。

【性诱剂选择】每一种性诱剂只能诱杀一种害虫。目前蔬菜生产中主要使用的有 4 种性诱剂，分别是甜菜夜蛾、斜纹夜蛾、小菜蛾、小地老虎性诱剂。因此，应根据害虫发生种类正确选择使用。

【诱捕器选择】性诱剂必须匹配相应的诱捕器，才能取得理想的诱杀效果。一般甜菜夜蛾、斜纹夜蛾选配干式通用诱捕器；小菜蛾、小地老虎的选配粘胶诱捕器。

【诱捕器设置】①高度。斜纹夜蛾、甜菜夜蛾等体型较大的害虫，诱捕器放置高度一般为 0.8～1.0 m；小菜蛾，诱捕器底部一般应靠近作物顶部，距离顶部 10 cm 左右。②位置。诱捕器的设置重点应在诱杀目标田的外围，密度稍密，把目标田内的虫口诱出，在目标田中心部位稍稀，诱杀突入目标区虫口，提高性诱控制作用。③密度。一般斜纹夜蛾、甜菜夜蛾 2～3 亩设置 1 个诱捕器、每个诱捕器 1 个诱芯；小菜蛾采用迷向法每亩设置 8～10 个诱捕器，每个诱捕器 1 个诱芯。性诱剂使用应尽量集中连片，以便更好地发挥性诱剂的使用效果。

【使用管理】①适时更换诱芯。诱芯更换时间由诱芯产品性能及天气状况决定，一般每根诱芯可使用 30～40 天，到达时间后更换新诱芯。旧诱芯集中处理，不可随意丢弃。②死虫的处理。应及时清理诱捕器中的死虫，并进行深埋等处理。天热时要缩短处理间隔时间，否则将影响诱杀效果。③诱捕器的收储。使用结束后，对诱捕器要进行清洗，晾干后妥善保管，可延长诱捕器的使用寿命。

（三）诱虫板诱杀技术

诱虫板又称色板、捕虫板，它是利用害虫对一定波长、不同颜色的特殊光谱的趋性，来诱杀害虫的理化诱控技术。

【诱杀害虫范围】诱虫板可诱杀同翅目的粉虱、蚜虫、叶蝉、飞虱等，双翅目的斑潜蝇，缨翅目的蓟马，半翅目的蝽类，鞘翅目的黄曲条跳甲，膜翅目的蜂类，鳞翅目的小菜蛾等共计 7 个目数的十余种小型害虫。

【诱虫板选择】应根据不同害虫的趋性差异选用相应诱虫板。黄板适合防治蚜虫、粉虱、斑潜蝇和黄曲条跳甲，蓝板适合防治蓟马。

【挂置时间和方向】从蔬菜苗期或定植后开始，应持续挂置诱虫板。挂置方向为平行于作物行垂直悬挂，利于诱杀大多数目标害虫，对农事操作影响最小。

【挂置高度和密度】①矮秆作物。使用诱虫板诱杀烟粉虱，一般是诱虫板底边与蔬菜（茄子、辣椒等）顶部持平或略低于顶部为宜。诱杀十字花科蔬菜上的黄曲条跳甲，诱虫板最佳放置高度（底边距离地面）8～24 cm，因这个区域是跳甲活动最活跃的高度。另一种方法是以诱虫板底边低于植株顶部5 cm或与植株叶片顶部持平。悬挂密度推荐每亩30～35张为宜。②高秆作物。对于高秆作物（黄瓜、番茄等），在植株生长的过程中，应随作物的生长不断调节诱虫板的高度。诱虫板一般挂在植株中部或中偏上位置或可以采用棋盘式悬挂方式，有高有低，悬挂密度以每亩30～40张为宜或根据田间作物处于的生长期和田间虫口基数进行适当调节。防治对象主要是蚜虫、粉虱、斑潜蝇。

【诱虫板更换】当诱虫板上85%面积粘满害虫时，可更换新板，一般30天左右更换1次。

【废旧诱虫板处置】使用之后的废旧诱虫板应集中处理，不能随意丢弃，否则会污染环境。

（四）防虫网使用技术

防虫网具有阻断害虫入侵、减少病毒病发生的作用，同时具有良好的透光和适度遮光等作用，是一种物理防控手段。

【防虫网覆盖类型】①全网覆盖法。即在棚架上全棚覆盖防虫网，按棚架形式可分为大棚覆盖、中小棚覆盖、平棚覆盖。②网膜覆盖法。即防虫网和农膜结合覆盖。这种覆盖方式是棚架保留天膜，整棚加盖防虫网。网膜覆盖，避免了雨水对土壤的冲刷，起到保护土壤结构、避雨防虫的作用。

【防虫网覆盖栽培主要应用方式】①叶菜防虫网覆盖栽培。叶菜露地生产，虫害多、用药频繁。使用防虫网覆盖栽培，可实现叶菜生产少用农药或不用农药，减少农药超标风险，这是防虫网目前应用得最多的方式。②果菜类、瓜类、豆类防虫网覆盖栽培。5—10月，果菜类、瓜类、豆类等生长期较长的夏秋蔬菜，采用防虫网覆盖栽培，切断蚜虫等昆虫传毒途径，有明显的防虫作用，大大减少农药的使用。③秋菜防虫网覆盖育苗。每年的6—8月，是秋冬蔬菜的育苗季节，又是高温、暴雨、虫害频发期，育苗难度大，出苗率、成苗率低。使用防虫网后蔬菜出苗率高：秧苗素质好，同时可以降低病毒病的发生。

【防虫网覆盖应用技术要点】①防虫网的选择。一般选用22～24目的白色或灰色防虫网，既可阻断大部分害虫的侵入，又有较好的通风、降湿条件。有条件的基地可推广使用添加铝箔条的防虫网，具有良好的避蚜作用。②覆盖前的准备。防虫网覆盖之前，必须清洁田园，清除前茬作物的残枝残叶和田间杂草等，然后对土壤进行药剂处理，消灭残留在土壤中的病菌、虫和虫卵。③覆盖要求。覆盖防虫网，四周必须用土压实，不留空隙，实行全封闭覆盖。棚管间用拉绳压网，减少网体阻力，防止大风拉扯撕裂网体。④田间管理。防虫网覆盖栽培宜采用滴灌和喷灌补充水分，尽量减少人员出入网的次数。进出网时要随手关门，防止害虫潜入网内。要加强检查，发现网体破损应及时修补。

（五）利用天敌防治技术

利用天敌昆虫，是根据其寄生或捕食其他害虫的特性，通过控制害虫的发展和蔓延，达到“以虫治虫”的目的，是一项安全、可靠的防治方法。

1. 丽蚜小蜂防治技术

丽蚜小蜂广泛用于防控保护地作物粉虱的寄生蜂种类，对番茄或黄瓜上的烟粉虱有一定的防治效果。

【放蜂时间】作物定植后对植株上烟粉虱进行监测，每株烟粉虱密度越低，防治效果越明显，但高于4头最好先压低烟粉虱虫口基数后再进行放蜂。放蜂间隔期：每隔7～10天放蜂1次。放蜂次数：连续放蜂3～5次。放蜂数量：原则上丽蚜小蜂与烟粉虱的比例为3：1，一般每株烟粉虱数量低于2头，以每亩释放丽蚜小蜂数量15 000～25 000头为宜；每株烟粉虱数量为2～4头，每亩释放丽蚜小蜂数量以25 000～35 000头为宜。放蜂位置：将蜂卡均匀分成小块放置于植株上即可。注意事项：放蜂温度应控制在20～35 ℃，夜间在15 ℃以上，相对湿度控制在25%～50%。温度和湿度均不宜过高或过低。

2. 赤眼蜂防治技术

【放蜂时间】一般应在傍晚时放蜂，从而减少新羽化的赤眼蜂遭受日晒的可能性。放蜂位置：放蜂时，将蜂卡挂置在每个放蜂点植株中部的主茎上。赤眼蜂的主动有效扩散范围在10 m左右，因此放蜂点一般掌握在每亩8～10点，并在田间均匀分布。放蜂间隔期和放蜂次数：每隔5～7天放蜂1次，连续放蜂3～5次。放置数量：每株甜菜夜蛾的数量为1～2头时，每次每亩释放赤眼蜂10 000～15 000头：每株甜菜夜蛾的数量为2～4头时，每次每亩释放赤眼蜂2 000～3 000头，且应均匀放置。但若虫口密度较高时，应先将虫口基数压低后进行释放。注意事项：①避免暴风雨和连绵雨天放蜂；②赤眼蜂喜在植物生长茂密、荫蔽的环境活动，如放蜂植物矮小，荫蔽差，则寄生效果较差；③放蜂是否适时，放蜂质量好坏，都会直接影响防治效果；④农药对放蜂的影响，在田间放蜂防治靶标害虫，要考虑协调防治，解决好放蜂与用药的矛盾。

3. 捕食螨防治技术

捕食螨是具有捕食害螨及害虫能力螨类的统称，如智利小植绥螨、尼氏钝绥螨、斯氏钝绥螨、东方钝绥螨、拟长毛钝绥螨。

【释放时间】若平均每叶超过2头，要先把虫口密度压至平均每叶 2 头以下再释放捕食螨。释放数量：每亩放置 20 000～30 000 头。在释放捕食螨 40 天内，害螨和捕食螨有一个抗衡过程。即放置开始害螨仍有一定密度，其后会迅速下降。释放间隔期：每隔 7～10 天释放 1 次。释放次数：释放次数为 3～5 次。放置位置：先将包有辅食蜡的包装袋部 2 个角剪掉，然后套上剪掉 2 个角的塑料袋，再用图钉固定于植株中部的阴凉处。注意事项：①释放捕食螨一般在 17 时以后进行，阴天可全天进行，雨天不宜释放，并且不可将装有捕食螨的纸袋放在阳光下暴晒；②释放捕食螨后 30 天内不能喷施任何农药；③释放捕食螨后一般在 1～2 个月达到最高防治效果；④捕食螨出厂后应尽早释放，一般不超过 12 天，如遇到不宜释放情况，应在 25 ℃下储存。

（六）高效、低毒、低残留农药的科学使用技术

提倡优先使用生物农药，积极推广高效、低毒、低残留化学农药，做到农药的科学、安全和合理使用。

【合理选药】针对病虫害的发生特点，正确诊断病虫害种类，科学选择农药品种，做到对虫、对症下药，以预防、早治为原则。

【科学用药】①适期用药。虫害一般掌握卵孵化盛期或幼虫初龄期用药，病害一般掌握在发病之前预防性用药或发病初期用药。②方法得当。施药时应根据病虫发生特点和药剂性能，采取相应的、正确的施药方法。③掌握用量。施药时应按照每种农药的推荐用量使用，不随意增加用量。在病虫害发生严重的情况下，如果按标准中规定的最多施药次数还不能达到防治要求，则应更换农药品种，不可任意增加施药次数。④科学混配。农药混配要以能保持原来农药的有效成分或有增效作用，不产生化学反应并保持良好的物理性状为前提。科学混配可达到一次施药控制多种病虫危害的目的。农药混用要遵循下

面原则：一是混合后不发生不良的物理化学变化；二是混合后对作物无不良影响；三是混合后不能降低药效；四是随配随用。⑤交替轮换。交替轮换用药是延缓抗药性产生的有效办法。对于杀虫剂，应选择作用机理不同或能降低抗性的不同种类的农药交替使用；对于杀菌剂，将保护性杀菌剂和内吸性治疗杀菌剂交替使用，或者将不同杀菌机理的杀菌剂交替使用。⑥严格执行安全间隔期。安全间隔期是指根据农药在作物上消失、残留、代谢等制定的最后一次施药距离作物收获的相隔日期。安全间隔期的长短与农药种类、剂型、施药浓度、环境、蔬菜种类等因素有关。生产中必须严格按照国家规定的安全间隔期收获，这是确保蔬菜产品农药残留不超标的关键。

三、鲜食玉米病虫害绿色防控技术

奉贤区以种植鲜食玉米为主，部分是作为饲料用。以地膜露地栽培为主，大棚、小环棚栽培为辅。据 2022 年统计，地膜露地栽培面积为 1 661.1 亩，占比 93.84%；大棚栽培面积为 109 亩，占比 6.16%。小环棚，主要作为育苗用。按照播种的季节，又可分为春玉米、夏玉米和秋玉米，奉贤区主要种植春玉米和夏玉米。

当前，奉贤区鲜食玉米以种植吃口性好、软糯甜的优质新品种为主，可分为水果型与甜糯型 2 种。水果型玉米的品种有金银 208、210、308 系列等；甜糯型玉米的品种有申科甜糯 811、99，申科紫甜糯 699，沪红糯 1 号等。

（一）玉米主要病虫害种类与防控方针策略

1. 主要病虫害种类

奉贤区玉米主要虫害有小地老虎、蛴螬、金针虫、蝼蛄、蓟马、蚜虫、灰飞虱、叶螨（红蜘蛛、二斑叶螨）、黏虫、夜蛾

（斜纹夜蛾、草地贪夜蛾等）、大螟、二化螟、玉米螟等。

奉贤区玉米主要病害有玉米丝黑穗病、苗枯病、粗缩病、大小叶斑病、纹枯病、褐斑病、黑粉病等。

2. 防控方针和策略

贯彻“预防为主、综合防治”的植保方针，通过加强田间栽培管理，实行以农业防治、理化诱控、生态调控、药剂防治等综合绿色防控措施，营造有利于玉米植株生长、病虫害天敌栖息繁衍，不利于病虫害发生的环境，将病虫的发生与危害、化学农药的使用量控制在最低水平，确保玉米的品质与食用安全。

（二）玉米病虫害绿色防控主要技术

1. 农业防治

通过种子的选用与处理、园地选择、播前田块清理、施肥整地覆膜、适时合理密植、科学水肥管理、植株管理、中耕培土除草、秸秆处理、土壤深翻、合理轮作等农业防治措施，减少玉米田间病虫草害的发生。

【种子选用】选用无病区引进的，具有较好抗病性或抗虫性的饱满的种子。

【种子处理】晒种，在晴天将种子摊晒 2～3 天，可灭杀种子表面的病原菌。拌种，可选用 2.5% 咯菌腈悬浮种衣剂（适乐时）100～200 g 或 60 g/L 戊唑醇种子处理悬浮剂 100～200 g 加 70% 噻虫嗪种子处理可分散粉剂 200～300 g，兑水 2～3 L，可拌 100 kg 种子，阴干后播种。可预防玉米丝黑穗病、茎基腐病等种传病害以及灰飞虱、蚜虫、玉米螟、蛴螬、金针虫等害虫。

【园地选择】玉米地选择中等地势、肥力较好、生态良好的田块，且周边有河流，有利于抗旱与排洪。

【播前田块清理】播种前，将田间与周边的秸秆、残留根茬和杂草进行清理与铲除，可破坏地下害虫等的成虫停留并产卵的环境，有效降低虫卵基数。

【施肥整地覆膜】翻耕土壤时，施足底肥。一般亩施商品有机肥或腐熟的农家肥 1 000～2 000 kg，混施复合肥 50 kg、硫酸锌 1～2 kg。底肥多用有机肥，有利于培育壮苗，减少根腐病的发生。施肥后，平整地块，开沟做畦。畦宽 1 m，畦与畦间沟宽 0.3 m、深 0.2 m；两端及四周的沟略深，超过 0.35 m，并与深度超过 0.4 m 的排水沟相通；沟拉平整，不弯曲，有利于排灌。春玉米，在沟畦做好后，畦面覆盖地膜，有利于苗期保温保墒。

【适时合理密植】玉米苗达 3～4 叶时，开始形成次生根时，适合移栽，可提高成活率。每个畦种 2 行，行距 0.5～0.6 m，株距 0.25～0.30 m，亩栽 3 500～4 000 株为宜。合理密植，可改善田间通风透光条件，减少病虫害发生。

【科学水肥管理】①水分管理。在水分供应上，要防止旱害和涝害。遇干旱天气，需及时灌水；多雨季节，需及时排水，减少田间湿度，以减少病害的发生。玉米田间持水量，出苗到拔节，在 60% 左右；拔节至抽雄，保持在 70%～80%；抽雄前 10 天到抽雄后 20 天，保持在 70%～90% 为宜。②追肥管理。根据玉米生长需肥规律，适当追施苗肥、穗肥与粒肥。玉米 5 叶期，可追施苗肥，亩施 5 kg 尿素；第 12 片叶展开的大喇叭口时期，可追施穗肥，亩施复合肥 20 kg；开花前后，可追施粒肥，亩施 5 kg 复合肥。科学水肥管理，利于培育健壮植株，增强对病虫抵抗力。

【中耕培土除草】玉米拔节后，加强田间中耕培土，可增强土壤的透气性，促进玉米根系发育，提高植株的抗性；同时，清除株间杂草，可减少养分、水分消耗与病虫害滋生。

【植株管理】玉米进入6叶期时，及时去除分蘖。大喇叭口期前后，拔除不能结果穗的弱株。抽雄散粉期，在晴好天气，可进行人工辅助授粉；隔行去雄，可有效增产；最上部果穗吐丝7天后，及时剥除其他果穗，采用单穗单株或双穗单株，可促大穗丰产。割除空秆，去除病株。

【秸秆处理】收获后的玉米秸秆，残留有一定病虫害，需要进行集中处理。集中堆放后，可粉碎做青饲料，也可制作堆肥腐熟后还田等。

【土壤深翻】玉米不同季节收获后，对土壤进行深翻，耕深0.3 m左右，可破坏地下害虫的生存环境，减少幼虫与虫卵。

【合理轮作】玉米田应实行合理轮作，避免重茬。3年以上田块需进行轮作，以减轻病虫害发生。有条件的，可与直根系作物进行轮作，或与水稻进行水旱轮作。

2. 理化防控

在田间设置糖醋酒液、粘虫板、性诱剂等理化装置，诱杀地老虎、黏虫、蚜虫、玉米螟、大螟、二化螟、草地贪夜蛾、斜纹夜蛾等虫害，减少其田间发生与危害。

【糖醋酒液诱杀】利用黏虫、地老虎、蝼蛄等害虫对甜酸发酵物的趋性，进行糖醋酒液诱杀。2月中下旬起至5月上旬，可配制糖醋酒液（酒：水：糖：醋的比例为1∶2∶3∶4）置于钵内（每钵装1 kg），田间间隔500 m放置一钵，5天加0.5 kg，10天换一次料。

【色板诱杀】利用蚜虫、灰飞虱对黄色的趋性，蓟马对蓝色的趋性，进行色板诱杀。玉米移栽后，在田间放置黄板与蓝板，每亩各8张，害虫粘满后及时更换。

【性诱剂诱杀】利用昆虫性信息素吸引交配、产卵的原理，进行性诱剂诱杀。黏虫（3月起）、玉米螟（4月起）、大螟

（4月起）、二化螟（4月起）、草地贪夜蛾（4月起）都可以采用性诱剂诱杀，每亩放置性诱剂诱捕器各1个，及时更换诱芯和清理诱集的害虫。

3. 生态调控

有条件的，可在玉米地及周边种植蜜源植物、储蓄植物、诱杀性植物、释放天敌等，丰富农田生态系统的多样性，为天敌的繁衍与栖息生境，通过诱杀、寄生、捕食害虫减少危害。

【蜜源与储蓄植物】在田埂、道路空地及周边，种植百日菊、波斯菊、向日葵、芝麻、黄秋葵、大豆、花生等蜜源植物，可为天敌提供蜜源食物；在周边沟渠，种植茭白等储蓄作物，可为寄生蜂、蜘蛛、捕食性盲蝽提供替代猎物，也可保护青蛙种群，利于天敌的繁衍与栖息。

【诱杀植物】利用香根草能诱集螟虫成虫产卵、幼虫啃食，且具有一定毒杀作用的特性，可在玉米地沟渠两边、田埂、边角地或湿地种植多年生香根草（株距2～3 m），来诱杀二化螟、大螟等螟虫。

【释放天敌】利用赤眼蜂寄生的特性，减少玉米螟的危害。在玉米螟产卵高峰期后，按每亩挂卡8～10个蜂卡，释放赤眼蜂约10 000头；第1次放蜂后，间隔5天后再次放蜂，每个玉米螟世代需要放蜂2～3次。

4. 药剂防治

药剂防治，以病虫害预测预报为基础，抓住关键时期，优先选用高效、低毒、低残留的生物农药，科学轮换使用化学农药，注意安全间隔期，确保玉米的生产与品质安全。

【种传病害与育苗地害虫】可用药剂拌种减少危害，上面种子处理已提及。

【玉米粗缩病】通过防治传播媒介灰飞虱来预防，使用化学药剂噻虫嗪药剂拌种（种子处理已提及）。也可在发病前，或发病初期，选用生物药剂 8% 宁南霉素水剂（亮叶）亩用 45～60 g 均匀喷雾，连续喷 2～3 次，间隔 7～10 天。

【移栽后地下害虫】可选化学药剂 3% 辛硫磷颗粒剂每亩 4～6 kg，拌细土进行沟施防治。

【螟虫、夜蛾等害虫】注意心叶期（小喇叭口、大喇叭口）及抽丝、抽雄盛期进行防治。可选用生物药剂，32 000 IU/mg 苏云金杆菌可湿性粉剂 100～300 g（兼治玉米螟、草地贪夜蛾、飞虱、蓟马等），20 亿 PIB/mL 甘蓝夜蛾核型多角体病毒悬浮剂亩用 40～60 mL（兼治玉米螟、草地贪夜蛾等），6% 乙基多杀菌素悬浮剂亩用 20～40 g（兼治甜菜夜蛾、斜纹夜蛾、玉米夜蛾、草地贪夜蛾、蓟马等）等喷雾防治。可选用化学药剂，200 g/L 氯虫苯甲酰胺悬浮剂亩用 5～15 mL（兼治玉米二点委夜蛾、玉米黏虫、小地老虎、大螟、二化螟、玉米螟、草地贪夜蛾等），10% 四氯虫酰胺悬浮剂亩用 40～60 mL（兼治玉米螟、草地贪夜蛾等）等喷雾防治。

【蚜虫】在发生始盛期，进行防治。可选用生物药剂，1.5% 苦参碱可溶液剂亩用 30～40 g，80 亿孢子 /mL 金龟子绿僵菌 CQMa421 可分散油悬浮剂亩用 40～60 g（兼治草地贪夜蛾、甜菜夜蛾等）等喷雾防治。可选用化学药剂，22% 氟啶虫胺腈悬浮剂亩用 15～20 g，22.4% 螺虫乙酯悬浮剂（亩旺特）（兼治叶螨）亩用 20～30 mL 等喷雾防治。

【叶螨】发生初期进行防治。可选用化学药剂，110 g/L 乙螨唑悬浮剂亩用 20～30 g，43% 联苯肼酯悬浮剂（爱卡螨）亩用 15～20 g 等喷雾防治。

【玉米大、小斑病等病害】发生初期进行防治。可选用化学药剂，18.7% 丙环•嘧菌酯悬乳剂（广谱杀菌）亩用 50～

70 mL，250 g/L 吡唑醚菌酯乳油（广谱杀菌）亩用 30～50 mL，75% 肟菌·戊唑醇水分散粒剂（广谱杀菌）亩用 15～20 mL 等喷雾防治。

四、桃树病虫害绿色防控技术

桃树是奉贤区主要果树作物之一，主要以种植黄桃为主和少量水蜜桃，常年种植面积近 667 hm^2。黄桃果皮金黄，披红晕，果肉浓黄，肉不溶质，味甜，气味香。适合加工罐头、桃脯、速冻等，也是鲜食优良品种。栽种区域主要分布在青村、奉城、南桥等镇，主栽品种有锦绣、锦香、锦园、锦花、锦枫、锦春、锦辉、锦冠、锦硕等。

（一）桃树主要病虫害种类与防控策略

1. 主要病虫害种类

奉贤区桃树主要虫害有梨小食心虫、桃蚜、桃蛀螟、绿盲蝽、桃潜叶蛾、红蜘蛛、桃红颈天牛等；主要病害有桃缩叶病、细菌性穿孔病、褐腐病、炭疽病、流胶病等。其中尤以褐腐病、细菌性穿孔病、桃红颈天牛、桃潜叶蛾、梨小食心虫这几种病虫害对桃树生产的影响较大。

2. 防控策略

针对桃树各生育期的主要病虫，重点防控褐腐病、细菌性穿孔病、桃红颈天牛、桃潜叶蛾、梨小食心虫等病虫害。采取“预防为主、综合防治”措施，综合集成农业、物理、生物、化学防治等主要防控手段：开花前以农业措施为主，做好清园工作，减少病虫基数；花后利用生态调控和自然天敌控害作用，增强桃园的持续和安全控害能力；药剂防治实行达标用药，优先选用高效、低毒、环境友好型药剂，合理、精准用药。

（二）桃树病虫害绿色防控主要技术

1. 农业防治

【清理田园】在桃果成熟前至采收结束后及时疏除果园内病虫果、废袋、枯死的枝条、被梨小食心虫等危害的残梢，刮除病斑并及时清理果园。冬季清园于1月底前结合冬季修剪进行，剪除往年病枝、虫枝，及时扫除落叶、落果和树枝；刮除主干分枝以下粗皮、翘皮，消灭越冬害虫越冬虫源。2月中旬喷施5～7波美度石硫合剂防治梨小食心虫、红蜘蛛、桃细菌性穿孔病、桃褐腐病等越冬潜伏病虫害。

【深翻土壤】采收后至土壤封冻前，结合施肥进行全园深翻，深翻深度应把握近主干处浅，远树干处深的原则，深翻深度一般在5～25 cm，结合灌水，改良土壤环境，破坏土壤中病虫越冬场所。

【树干涂白】秋冬季，刮除粗皮、翘皮后，配制涂白剂对树干涂白，涂白位置主要为主干和主枝基部10～15 cm，可消灭树干翘皮缝隙中的越冬病虫，同时预防日灼病和冻害，趋避天牛产卵。

【人工捕杀】6月中下旬桃红颈天牛成虫发生期开展人工捕杀；幼虫危害阶段根据枝上及地面蛀屑和虫粪，找出被害部位后，用铁丝将幼虫刺杀。

2. 理化诱控

【性诱防治】①梨小食心虫。3月中旬至4月初越冬代成虫羽化出土前，在桃树树冠的上1/3处的树枝上拧挂240 mg/条梨小食心虫性迷向缓释剂，可持续对各代雄成虫产生迷向作用，降低成虫交配概率，压低前期虫量，进而减轻幼虫对桃梢、桃果危害，持效期可达4个月，推荐使用密度为33条/亩。②桃潜叶蛾、桃柱螟。5月初设置性信息素诱捕器诱杀桃潜叶蛾、桃蛀螟等鳞翅目害虫雄虫，可选用船形、三角形或水盆诱捕器，每亩悬挂 2～3 个，安装高度距离地面 1.5 m，每月更换一次诱芯，清除诱捕器内虫体，安装不同害虫诱芯后需洗手，避免污染。性诱防治至 10 月中旬连续 3 天未诱到雄虫时结束。

【杀虫灯诱杀】使用杀虫灯诱杀鳞翅目、鞘翅目等害虫。4 月底至 10 月底，成虫高峰期每日傍晚开灯、清晨关闭，20～30 亩安装 1 盏（20 瓦）。每周清理 1 次收集袋中虫体，6—8 月诱杀高峰期每周清理 2 次。杀虫灯、性诱捕器应及时清理或者更换，保证良好诱杀效果。

【黄板诱蚜】利用蚜虫对黄色趋性，在春季蚜虫田间初见期悬挂可降解黄板，挂于树冠外围朝南中间部位，每 1～2 株树挂 1 张。田间发生量较大时及时更换，并及时清理出园，避免遗留在园内造成污染。

【铺设地膜】桃园铺设地膜有利于防止害虫出土上树危害，降低虫口基数；抑制杂草生长，减少桃园除草人工量；高温季节能够起到降低地表温度，促进根系生长。桃园铺设地膜的时间一般为 3 月初，9 月上旬揭膜。

3. 生物防治

【多样化栽培】行间生草栽培，以白车轴草、苜蓿为主，播种量约 2 kg/ 亩，可减少果园水分蒸发，降低地表温度，同时为天敌昆虫栖息繁殖提供庇护场所。每次草高达 20～30 cm 时刈割 1 次，留草高 10 cm 左右为宜。铲除深根、高秆恶性杂草。桃园周边可酌情种植储蓄植物，如向日葵、玉米，可诱集桃蛀螟危害，同时其他害虫如粉虱、蚜虫，可为小花蝽、瓢虫、草蛉等天敌提供食源，有利于培育繁殖天敌。

【生物防治】梨小食心虫成虫高峰期后 4～6 天内使用苏云金杆菌喷雾防治。蚜虫高峰期可采用苦参碱或金龟子绿僵菌喷雾防治。桃褐腐病发病初期可用小檗碱盐酸盐喷雾防治。微生物农药注意存放及施用的适宜温度，科学混配，不可与其他杀菌剂混用。

4. 药剂应急控害

按照农药登记倍数合理二次稀释，施药时注意均匀喷雾，叶片正背面都应着药不滴液。

【蚜虫、绿盲蝽等】蚜虫在发生高峰期防治，绿盲蝽在 4 月上中旬一代二、三龄若虫高峰期和 5 月中下旬二代二、三龄若虫高峰期进行防治，可选用噻虫・吡蚜酮、吡虫啉或氟啶虫胺腈等药剂喷雾防治，注意轮换用药。

【桃细菌性穿孔病】4 月末至 5 月初田间初见病叶后密切关注天气情况，梅雨季节根据天气预报使用 1～2 次，可选用噻菌铜、春雷霉素或噻唑锌等药剂喷雾防治，注意轮换用药。

【桃褐斑穿孔病、桃褐腐病、桃炭疽病等】发病前或初期开始防治，可使用腈苯唑、唑醚・代森联或苯甲・嘧菌酯等药剂喷雾防治。注意盛花期禁止用药，幼果套袋前防治需果面药干后再套袋。

第四章　奉贤区农作物病虫害专业化统防统治未来发展方向

农作物病虫害专业化统防统治，在国家多年的政策扶持与引导、法律法规办法的规范与维护下，得到了健康快速的发展，为地方农业安全生产与保质保量注入了生机活力，发挥了生产服务主力军的作用。其未来的发展，通过各方的努力与共同助力，已然朝着“服务设备智能化、服务作业科学化、服务队伍职业化、服务范围扩大化、服务形式多样化”不断迈步，推动着现代农业更好更优更高向前进。

第一节　服务设备智能化

随着农业现代化发展向前迈步，农业生产的植保等机械装备通过科技研发与创新，不断更新迭代，朝着省力高效和多功能、远程遥控和针对性智能喷雾、全天候和融入大数据等智能化方向转变，为生产服务注入了新的动力。

一、向省力高效和多功能转变

随着科技的发展和防治设备的更新换代、提档升级，开展病虫防治的过程从“人背机”“人抬机”转变为“人坐机”和“人控机”。植保无人机、自走式喷杆喷雾机及小型高效喷雾机器的出现，减轻了劳动强度。信息技术的突飞猛进，北斗导航系统的应用使各类植保设备逐渐体现智能、精准、高效，推动传统农业向AI无人农业发展。植保无人机的快速发展应用是智慧农业、数字农业发展的最好证明，其中大疆和极飞等品牌无人机是其中的典型代表。从2015年大疆农业发布首款多旋翼无人机MG-1到T16、T20至最新的T50，单机载重量从10 L/箱提高到50 L，在大规模连片种植区每小时喷雾作业最高可达320亩，播撒肥料1.5 t，作业内容从喷雾向施肥、播种多功能转变，飞行过程中通过有源相控阵雷达实现智能避障，同时飞防航测一体，生成高清农田地图，一键起飞全时段自动作业，还可通过精灵4多光谱版无人机进行田间作物监测，可实现定点喷洒除草剂清除杂草，对生长不一致的田块变量喷洒肥料，实现精准用药用肥和节省化肥农药成本，在节本增效的同时保护农田生态环境。

二、向远程遥控和针对性智能喷雾转变

在农业劳动力紧缺，人工成本不断提高的现状下，无人农场的建设也在全国各地铺开，依靠高精度北斗卫星系统的无人植保机、收割机和拖拉机等得以广泛应用。搭载上海联适导航公司的北斗智能喷雾控制系统的无人驾驶喷杆喷雾机能实现自动规划田间最佳作业路径，在不同作业速度下保持均匀喷洒，终端实现即时显现药液量，中途加药回来可快速查找未喷洒区域，提高整体防治质量并减少人工在果园的植保防治中根据果树的独特外形结构，中国农业大学药械与施药技术研究中心成功研制出依靠激光扫描传感器探测的果园自动仿型精准变量喷雾机，自动对靶喷雾，实现无死角喷雾。羲牛牌智能植保机器人依靠北斗导航系统和高清摄像头拥有独特的隔膜泵与陶瓷喷头技术，通过自动智能计算进行变量施药，远程启动和自主定

位，智能避障，24 小时全天作业，一台机器人 4 天可完成千亩果园植保防治作业，实现低成本高效率。

三、向全天候和融入大数据转变

生产植保设备的智能化，提升了防治效率，全天候作业延长了防治时间，减少了生物农药等白天使用因高温蒸发影响防效不足，降低了人工支出并实现农药减量，具有很好的发展前景。此外智能植保设备还能记录相关作业数据，和政府管理网站联网，实现一键并入信息资料，减少农户在“神农口袋”“沪农安”等平台的输入环节，方便种植农户，利于政府及时监管。

第二节　服务作业科学化

随着社会的发展，农业生产分工不断细化，在常规性为农喷雾代防的基础上，拥有植保专业知识技能与先进智能药械等的统防组织，在为种植户开展作物病虫害防治过程中，将不断贴近生产实际，采用针对性防治策略，推进统防与绿色防控相融合，更好合理搭配推荐药剂等，使服务作业更加科学化。

一、针对性防治更科学

在参考地方植保部门制定的病虫情报基础上，鉴于区域位置、种植品种、用肥和水浆管理不一致导致作物长势不同，病虫发生轻重不一等情况，统防组织派出的植保技术人员根据调查田间病虫发生实际情况，按照防治指标，采用针对性防治策略，减少一刀切使用保险药，在减少成本的同时达到保证防效和保护农田生态环境的双重目的。

二、与绿色防控融合更科学

随着政府鼓励农作物病虫害开展绿色防控，统防组织在代防代治中可充分发挥技术把关和协助作用，与绿色防控的技术措施集成融合为综合配套的技术服务模式，采用农业防治、理化诱控、生物防治、生态调控等绿色防控技术措施，提高病虫害防控的科学化水平。

三、使用药剂药械更科学

统防组织在药剂使用方面，按照农药安全使用规范，严格使用农药剂量，严格使用次数，合理搭配不同农药，科学使用助剂，科学掌握施药时间等；在使用药械方面，规范使用机械，喷施到位，均匀喷施，不漏喷不多喷，保证防治效果的同时提高防治效率，专业化科学使用药剂与药械，确保了生产的安全和保质保量。

随着农产品质量要求的不断提高，统防组织的防治服务不断规范，政府相关农业管理部门，行业协会也将制定完善统防服务标准，以引导植保统防服务组织开展专业服务，保障农民的根本利益。

第三节　服务队伍职业化

在国家重视粮食、蔬菜等重要农产品生产安全，严守耕地面积不减少的政策要求下，面对农业从业人口不断减少，农产品质量要求不断提高的现状，农作物的病虫害防治等专业化服务是一项长期需要，建立专业技能高、服务素养好、能长期从事相关服务的职业化组织队伍也是一种必然需求。

一、职业化植保能手

植保人员应能精准识别和科学分析当地水稻病虫、经作和果树主要病虫害田间发生状况，结合政府植保部门发布的病虫情报和田间现状，对种植户提出针对性防治建议。同时还应了解农产品认证相关规定，根据种植户对农产品的认证要求推荐准入药剂，技术人员还应掌握一定的栽培管理技术，在药肥兼喷过程中做到实现节约成本，保证防效，减少农药污染并实现增产。

二、职业化农机能手

作物的多样化和防治环境的复杂化，需要不同的植保设备来满足不同的防治要求。在农业效益低、服务收费利润少的现状下，统防服务组织的人员应能熟练掌握无人机、自走式喷杆喷雾机和常规担架式喷雾机等设备的使用，以实现全天候不同时间段对不同作物的防治服务要求。此外在一些农机合作社，开展防治的空余时间，机手还应学习拖拉机、插秧机和收割机等的操作，增加和拓展服务收入，减少人员支出，以实现长期运营。

三、职业化信息能手

当今信息化发展促进了农机现代化，机械代人、植保机器人的不断涌现后，设备调试，智能植保设备服务信息的整理，与政府农业生产监测平台信息上传，生产基地信息管理平台对接需要一名懂电脑、会调试、擅长汇总的专业人员来维护，确保服务组织智能设备的正常运营及相关数据的综合处理。此外农机服务在许多地方享受财政补贴扶持，故相关植保统防工作记录也需要专门的人员来汇总存档，便于以后的补贴申请和后期的专项审计。

四、专业化服务实现可持续发展

根据当前统防服务组织的发展现状分析，并与国外专业化植保服务公司比较，专业化水平还有很大的差距。我国普通代防收费低导致统防效益不高，队伍收入低，无法聘请高水平人才。深层次的原因是我国对农业所产生价值起到绝对性作用并为此负责的角色是生产主体，而在美国是服务主体，提供的农事服务对生产结果直接负责，服务水平直接影响到作物产量和质量。因此美国农业服务者具有很高的学历和专业水平，植保技术经理年收入至少 5.5 万美元，中国植保服务者还是处于转型期，只是单纯地提供药与打药。只有全程服务并与农产品效益挂钩，才能促进服务的专业化，增效利润的共享化，并可招揽一批专业队伍来参与防治服务。

五、政府用工政策专项扶持

植保防治基本是野外作业，早出晚归和高温天气等比较恶劣的工作环境导致年轻人不愿意从事此行业。根据奉贤区近几年具有代表性统防组织的队伍结构分析，从 2018—2022 年，每个统防组织队伍根据防治面服务面积增减和大型设备的增加，人数在 14～31 人之间波动，40 岁以下人员除个别组织外，每个组织仅有 1～3 人，占比在 10% 左右，50 岁以上人员占 69.51%～78.41%，队伍结构明显老龄化。针对上述问题，政府应牵线统防组织与相关职业学校开展校企合作，引导航天学校、飞行学校的年轻毕业生参与飞防、农机作业，增添新鲜血液。考虑到统防组织的盈利水平，政府对录用青年毕业生就业的合作社、农业公司应提供社保补贴等扶持政策，让青年人安心在植保服务上扎下根。另外职业鉴定部门对农机作业手、无人机飞手职业工种应予以免费鉴定，对合格的发放职业技能资格证书，帮助他们以优质的服务获得更高的收入。随着各地植保统防组织的增加，各级农业主管部门也应加强对优秀植保统防服务的评选或参考农业农村部星级服务组织的评定，打响服务组织的品牌，推动高素质队伍建设和高质量防治。

第四节　服务范围扩大化

未来农作物病虫害专业化统防统治服务，会充分发挥防治队伍的专业性以及智能机械的先进性等优势，根据自身业务的发展以及农作物生产的市场需求，服务的范围将不断扩大化。

一、服务面积扩大

鉴于水稻病虫防治的阶段性，随着统防组织专业水平与服务能力的不断提升，针对当前农村土地的集中流转与规模化经营的新生产格局，发挥自走式喷杆喷雾机、无人机等先进药械的高效率服务作用，服务的面积将不断增加，以促进农作物生产效益。随着服务面积扩大，不仅服务于当地农作物的生产，而且可实现跨区域服务，如跨镇、跨区，甚至是跨省市开展服务。

二、服务作物扩大

当前，统防组织已从单纯对主要粮食作物水稻进行病虫害专业化防治服务，逐步向其他大田经济作物如蔬菜、玉米、花卉、草皮、果树等扩展，甚至向公益林等拓展，服务作物的种类不断扩大。通过服务不同作物，解决其他作物生产中用药防治等时间紧、人工消耗大、生产成本高的难题，增加农业生产的社会化服务量。

三、服务内容扩大

随着服务面积以及作物种类的扩大，统防组织的服务内容也在不断扩大。如通过延伸先进药械的功能，无人机从单纯的农作物病虫害代防代治，向撒施颗粒肥，水田或旱地喷施除草剂，水稻、小麦、油菜等种子播种等方面拓展；有些统防组织具有拖拉机、插秧机、收割机、烘干机、加工等设备，还可以为农户提供翻耕、插秧、收割、烘干、加工等服务，以不断满足农户生产的实际需求。

第五节　服务形式多样化

未来农作物病虫害专业化统防统治服务，随着市场的不同需求，呈现不同的服务形式，如全程保姆式服务、平台菜单式服务、社会体验式服务等，对市场需求的适应性越来越强，服务功能也越来越完备。

一、全程保姆式服务

统防组织依靠自身的专业化统防服务能力以及不断完备的农机操作设备，可逐步实现“你种田，我来管”的全程保姆式服务。如水稻种植，从土壤的翻耕、机械化插播、日常水肥的管理、病虫草害的防治、成熟后的收割、稻谷烘干、大米的销售等，由种、管、收到卖一整套完备的机械化、科学化、专业化的管理与服务模式，即能适应当前农村社会快速变革的需求，又能不断推进农业的规模化、现代化发展。很多地方已有不少这样的全程保姆式服务案例。

二、平台菜单式服务

随着社会的发展，网络数字化平台将积极为农业生产打造“供需”菜单式服务平台。与传统的面对面联系，产生供需服务不同，网络数字服务平台通过整合不同区域服务资质资源，农业生产者及服务组织经过审核注册平台，根据生产的实际需求，列出服务需求清单，在平台上选择服务的组织和服务内容，即可在线上签署服务协议，服务组织根据协议与服务内容，在规定的时间内前往客户所在地，完成服务任务，客户满意后线上完成支付。这是一种如同淘宝买卖过程一样，更加便捷的服务平台模式。

三、社会体验式服务

很多统防组织本身具有一定规模的土地种植面积，利用专业种植技术与科学管理水平，可开发土地的功能服务价值。

科普教育服务。如为青少年提供科普教育基地，帮助青少年认识农作物的种类与形态特征，农作物种植生产的过程，农作物的营养价值等等，对他们提供农业科普性教育，提高他们对农业的认识与热爱。

生产体验服务。让市民参与小面积土地种植生产，通过组织市民在田间地头种植蔬菜、水果的采摘等，为他们提供生产的技术指导，如何播种、施肥、打药、采摘等，让他们体验田园劳动的辛苦与快乐。

种植认领服务。通过与市民签订土地认领与种植服务协议，市民缴纳认领交费，服务组织为他们种植想要的农作物，开展全程的管理服务，每年为他们提供一定数量的粮食、蔬菜、水果等，以满足市民日常食用农产品的供给。

第五章　奉贤区农作物专业化防治组织运作模式及经验

奉贤区农作物病虫害专业化统防统治，经过许多年的实践与探索，扶持与发展了一批具有设备配套先进、日作业能力强、管理水平高、服务质量优的地方性统防组织。其中，有15家统防服务组织被评为上海市优秀专业化统防组织，他们的运作模式与经验即具有地方性相同的管理规范特色，又具有自身发展不同的特点与亮点。本章介绍了奉贤区6家统防组织的运作模式与经验，为大家提供借鉴与参考。

第一节　积极推进统防统治，真抓实干服务农业

——上海谷满香粮食种植合作社运作模式与经验

上海谷满香粮食种植专业合作社成立于2010年12月，2014年组建专业化统防统治服务队，现有持证统防队员22人、植保技术人员3人、自走式喷杆喷雾机2台、植保无人机8台、进口除草机2台、装载机5台、30 t烘干机8台、80 t大米精加工设备1套、各类配套农机具30台（套）、粮食收购辅助设施一批，占地面积6 561.78 m^2，粮食低温储存仓容4 000 t以上，大米成品低温库168 m^2。

一、运作方式

合作社坚持“政府引导”和“农民自愿”的原则，以“农业合作社＋农户”模式采取统一作业服务的形式，以先进的植保技术和植保机械为手段，建设专业化统防统治队伍，实行自负盈亏、自我发展的市场化运行机制，对农户进行有偿全程防治服务。

在管理上，实行“五定”“五统一”。“五定”即定工作职责、定统防统治任务、定统防统治对象、定统防统治效果（产量）、定风险责任；“五统一”即统一组织，统一测报、统一配方、统一供药、统一防治。每年4月初本社都会与农户签订统防统治协议，开展防治服务。如果出现防治服务不当给农户造成损失的，本社追根溯源，承担相应责任。

二、主要措施

（一）强化领导，提高认识

为确保水稻病虫害专业化统防统治工作扎实推进，一是防治服务由社长总负责，牵头组建防治队伍。下设防治服务组、技术指导组、物资保障组和维修服务组，合作社指定专人负责，强化领导。二是防治小组根据实施方案，制定了《植保专业化统防统治安全管理制度》《防治队员安全用药操作规程》《防治队员管理制度》《专业化统防统治作业要求》《统防统治档案制度》等一系列管理制度，对统防统治奖补资金设立二级专账，做到专款专用。

（二）整合资源，加大投入

8年来合作社从统防统治奖补经费中安排100多万元，采购了8台植保无人机和2台自走式喷杆喷雾器、16台36型担架式喷雾机等设备，日作业能力提高至5 000亩。腾出100 m^2 房屋作为培训用房，配投影仪、电脑、照相机、打印机、传真机、资料柜等培训服务设备；聘请植保机械维修工 2 名，配备维修设备及工具，对各小组、各植保机械进行日常维修服务，确保防治服务的时效性；2021—2022 年对水稻统防统治和绿色防控融合示范区投入 27.7 万元，采购甘蓝夜蛾核型多角体病毒、赤眼蜂、性诱剂等绿色防控产品，实施水稻病虫害综合防控集成示范。

（三）狠抓培训，提高素质

一是课堂讲座培训。邀请市、区植保专家就开展专业化统防统治工作的意义、作物病虫害统防统治技术、大型药械使用原理等内容进行培训，由学员现场提问，老师现场解答，培训效果明显。二是现场技能培训。邀请相关企业技术人员，就植保无人机、大型施药器械使用技术及常见故障排除等方面，采取播放声像资料、现场观摩、实践操作等方式，对统防队员进行培训，提高技术能力。三是田间地头培训。即组织专业化统防统治队员、农户、植保专家一起深入到乡间、田头，针对病虫识别、科学用药、防效检查及绿色防控技术等专业知识进行面对面培训授课，把技术送给每位统防队员和农户。

（四）依托项目，绿色防控

2021 年合作社申报了上海市科技兴农项目“天敌与生物农药在水稻绿色防控中的应用技术研究与推广”，课题立项后合作社将本社连片种植的 3 500 亩水稻作为项目实施重点区域，2021—2022 年重点开展了稻田天敌种类、数量及控制效果调查，还开展了多项绿色防控措施的集成示范：一是田埂留草、种植香根草、黄秋英等诱集、显花植物，优化农田生态环境；二是应用性信息素诱控、稻田养鱼（鸭）、人工释放赤眼蜂等物理措施辅助防治；三是加强病虫害监测，根据田间病虫实际发生情况，科学适时达标防治，优先选用生物农药或高效低毒低残留农药，年均用药防治病虫 2～3 次。

（五）扎实推进，创建品牌

2015 年合作社注册商标“庄行谷满香”大米品牌，开始实行品牌化经营。2018 年起由原来的“卖稻谷”转向“卖大米”，入驻天猫平台开设“庄行谷满香旗舰店”，2018 年大米销售量 181 t，比“卖稻谷”增加收入 72 600 元。同时还在盒马鲜生、本来生活、城市超市等大型商超销售当季新大米，通过展示、宣传、促销等活动，大米销售量不断增加，2021 年大米销售量 1 211 t，比“卖稻谷”增加收入 915 500 元。现在合作社带动周边农户 37 家一起由“卖稻谷”转向“卖大米”，带动农户增加收入约 80 余万元。在 2018 年奉贤区国庆稻米品鉴活动中，谷满香大米荣获金奖；2019 年奉贤区中晚熟稻米品鉴活动中，荣获金奖和市民喜爱奖；2019 年《上海地产“沪软 1212”品牌大米推介专场》活动中荣获市民最受喜爱的大米品牌称号；2020 年奉贤区稻米品鉴活动中，荣获银奖；2021 年奉贤区稻米品鉴活动中，荣获最佳人气奖和优胜奖。

三、初步成效

合作社自开展水稻病虫专业化统防统治后，变被动防治服务为主动防治服务；农药使用变浪费、污染为节约、环保；成效明显，农户满意。2018 年获评全国农民专业合作社示范合作社、2021 年度获评农业农村部第一批全国生态农场、2022 年度获评农业农村部全国农作物病虫害绿色防控技术示范推广基地（彩图五）。2023 年 8 月 28 日，合作社接待了由全国农业技术推广服务中心举办的“生物食诱剂防治农作物害虫应用技术培训班”观摩交流活动，合作社充分展示了近年来水稻绿色防控技术集成示范，受到与会领导和专家的一致肯定和好评（彩图六）。

一是有效控制重大病虫危害，保障了粮食产量安全和质量安全。近年来，合作社通过加强病虫监测，组织开展专业化统防统治，提高了防治效果，统防统治区域内的水稻田没有因为病虫害大发生而造成产量损失。据测算，2022 年实施水稻统防面积 8 444.68 亩，平均亩节约农药费 12 元，增产 5% 以上，为参加统防统治的农民增收节支 10.13 万元。亩均用药减少 2 次，减少防治用工费 14 元 / 亩，亩均增产 30～50 kg。同时，统一组织货源，全部施用绿色生物农药和低毒低残留农药，从源头上控制了污染问题，用药次数也大为减少，从而降低了农药残留量，确保了农产品质量安全。2022 年合作社利用先进的大米加工设备和低温储存的良好条件，带动 67 户服务对象由原来的“卖稻谷”转向“卖大米”，面积达 3 500 亩，增加农民收入 200 万元左右。

二是减少了化学农药用量，降低了农业生产成本。2014 年起，合作社对统防统治服务区域水稻病虫害防治亩均用药 3 次，其中生物农药占总用量 20% 以上。相比农民自防田亩均用药 5 次，减少用药 2 次，减少农药用量 20% 以上。同时，由于减少了农药中间销售环节的层层加价，用药量和用药次数减少，缩短了工时，统防统治成本明显下降。

三是降低了劳动强度，提高了劳动效率。专业化统防统治使用的是大型机动喷雾机，覆盖面大，雾滴细，工作效率比手动喷雾器提高 8～10 倍，劳动强度降低，统防统治效率提高，提升了病虫害统防统治水平。

四是增强了安全性，保护了生态环境。实行统防统治后，农户家中不再储备农药，从源头上杜绝了儿童、家禽家畜误食农药中毒现象的发生。统防统治降低了农田用药总量，统防统治后空农药包装废弃物全部集中回收，避免了随处丢弃药瓶药袋现象，减少了农药和包装废弃物对农田生态环境的影响。

五是加速了新型植保器械推广，提高了植保技术的到位率。专业化统防统治以植保新技术为纽带，以新药械为手段，对植保新技术、新机械优先进行实践，专业队成了新技术、新机械的广播站，专业化统防统治加速了新型植保器械与技术推广，提高了植保技术的到位率。合作社引进了自走式喷杆喷雾机、植保无人机新药械，并进行了大面积的试验示范，2020 年上海市绿色统防统治现场会在合作社隆重召开，现场会有各区农技干部、合作社负责人、植保机械生产企业、统防统治组织共 100 多人进行了观摩，起到了很好的示范推广效果。

四、问题与建议

植保专业化统防统治是农作物病虫害统防统治的有效途径，是促进现代农业发展的重要抓手和载体，对有效防控重大生物灾害，保障农产品安全，有效解决农村劳动力大量转移后防病治虫难的问题，具有重要的现实意义。但合作社的专业化统防统治工作还存在病虫害测报技术比较薄弱；跨区域服务步子不够大；防治作物对象仅局限于水稻作物等问题。针对这些问题，合作社一要认真总结成功经验，加强宣传，扩大影响，壮大规模；二要进一步明确责、权、利之间的关系，完全按照市场化模式运行；三是加大培训力度，提升统防统治人员自身素质，提高服务功效和质量。

第二节　服务粮食生产，助力农业发展

——上海贤佑农业专业合作社运作模式与经营

上海贤佑农业专业合作社，位于上海市奉贤区金汇镇，于

2016年2月成立，水稻种植面积5 600多亩，是一家集农资农机服务、专业化统防统治、绿色种植、田间培训、高标准加工生产、互联网销售于一体的复合型农业专业合作社，现有社员20人，长期工10人，合计人数30人，其中农艺师1人，技术人员5人，农机手10人，水稻种植管理人员8人，黄桃种植管理人员3人，蔬菜种植管理人员3人。2017年，合作社开始开展水稻病虫害专业化统防统治服务，经过6年的统防服务实践与发展，合作社逐渐形成了一套水稻病虫害专业化防治的全程服务模式，同时集成推广粮食作物绿色茬口模式、良种良法配套、水稻全程机械化生产、氮磷钾养分平衡施用、病虫草害绿色防控等“五大”关键技术，注重粮田生态环境、耕地质量保护、全程机械化作业和优质稻米产业化生产，为促进奉贤区粮食生产转型升级和可持续发展提供了样板和借鉴。

一、加强防治队伍建设，实现跨镇统防统治

2017年合作社刚开始组建的专业化统防统治队伍规模共13人，分为4个统防小组，自有大型药械3台，服务对象13家，年均服务面积在2 000亩左右。在市、区、镇三级农业农村部门的指导和大力支持下，合作社加强对防治队伍的建设，每年围绕安全用药、病虫害防治和药械维修等方面对从业人员至少培训1次，以不断提升他们的植保专业知识与技能。至2022年，统防队伍增至18人，其中技术人员1名，经过培训持证上岗人数17人，分为8个统防小组，持有自走式喷杆喷雾机5台、植保无人机3台，服务对象增至23家，日作业能力达3 000亩以上。

通过配备充足的服务人员和过硬的药械设备，合作社实现了水稻病虫害跨区域服务。8支水稻病虫害专业化统防统治小组，3支服务金汇镇（梅园村、周家村、光辉村）、3支服务青村

镇（姚家村、北唐村、和中村、朱店村、湾张村）、2 支服务西渡街道（益民村、五宅村、南渡村），2022 年统防统治服务面积达 7 087.81 亩。

二、涵盖水稻生产过程，实现全程保姆服务

近年来，合作社把周边农户用人难、用机难、防治难、销售难等困难看在眼里、放在心里，在做好自身管理的同时，更注重服务品质的提升。为更好地服务广大农户，满足他们的农业生产需求，合作社每年投入大量资金购入农机设备，目前拥有大中型拖拉机 6 台、插秧机 8 台、穴播机 5 台、久保田联合收割机 6 台、进口除草机 1 台、12 t 烘干机 10 台、30 t 烘干机 4 台等，覆盖了水稻生产全程所需的农机设备。

在组建了水稻病虫害专业化统防队伍的同时，合作社组建了自己的农机服务团队。服务的内容，涵盖了水稻生产的全过程，包括土地翻耕、秧盘育秧、秧苗移栽、施肥用药、田埂除草、收割销售等方面，实现了一条龙全程保姆式服务，年均综合水稻农机服务面积约 15 000 亩，服务周边家庭农场 100 余个，小农户 300 余个。

合作社拥有的粮食烘干基地，占地面积 2 500 m^2，日烘干能力 360 t，年均烘干稻谷 12 000 t，服务水稻面积 20 000 亩。想直接售卖湿谷的农户，合作社也会按照合理的价格进行收购，年均收购干湿稻谷 8 000 t 左右，销售额 1 300 余万元，为农户增收 200 元 / 亩。此外，还有大米成品低温库 200 m^2，保证了大米品质的稳定。

三、团购农资节本增效，绿色防控安全生产

近年由于受全球新冠疫情的蔓延、俄乌战争的爆发、能源

危机等情况的影响，不少大型化肥加工企业或中断生产或减少产能，导致化肥价格上涨；同时原材料成本的增加，农药价格也呈现上涨的趋势。尽管国家出台了不少政策与措施，扶持与保障农业的正常生产，但农资购买的阶段性困难，依然对农业生产产生了一定的影响。

基于农户单独购买农资难和贵的问题，合作社对服务的农户进行了农资团购。通过直接对接种子、肥料和农药企业，谈价格、讲流程，大批量购买来降低农资总价，相比农户自己零散购买价格明显下降，每年为农户节约约 120 元 / 亩的成本。合作社的专业技术团队在基于市、区 2 级农技部门所发布的专业意见下，团购的农药、化肥等品种更安全，制定的用量更科学，更符合国家“既保量又减量”的要求，既节约成本又促进农民增收。

此外，合作社作为一家通过绿色认证的合作社，在开展统防统治服务的同时，融合推广应用水稻病虫害绿色防控技术，如种植诱集作物香根草，诱杀水稻螟虫；田埂留草，周边种植百日菊、大豆、芝麻等蜜源植物，保护利用蜘蛛、寄生蜂等天敌，促进田间生物多样性；采取理化诱杀，6 月 10 日至 10 月 10 日期间按照每亩 1 个诱捕器的平均密度，外密、内疏连片放置性诱剂，诱杀水稻纵卷叶螟成虫，降低田间虫量；采样高效、低毒、低残留的绿色农药，优先使用生物农药，注重农药的安全使用等技术措施，减少了农药的使用，保障了水稻生产的安全与环境生态安全。绿色生产技术的推广应用，带动了周边农户绿色认证面积达 2 326 亩。

四、发挥自身资源优势，扶持黄桃产业发展

奉贤黄桃是奉贤区特色农产品，曾是当之无愧的黄桃上品。但前几年，“人老、地老、树老”三老问题日益凸显，黄桃原有

的皮肉金黄、芳香软糯、汁多味甜等产品特点表现不佳，为黄桃产业发展带来了一定的困难。

合作社敏锐察觉到了奉贤黄桃这一发展困局，于2017年入驻青村镇湾张村，回收桃树面积600亩，归拢低效、闲置、连片的土地，进行土地资源的整合。

一方面，合作社发挥自身技术、销售等资源优势，如先进农机、智能药械等的机械化应用，防治统防、绿色防控等的技术化推广，规模种植、统一销售等环节、渠道的打通等，助力黄桃进行规模化、标准化、专业化、科学化种植。另一方面，积极与上海市农业科学院合作，开展新品种、新栽培模式和恢复土壤肥力等研究，建立黄桃新型栽培模式示范基地。此外，通过农民田间学校对农民加强黄桃种植技术培训，各项技术措施的示范展示，来改变农民的常规种植、经营模式，辐射带动黄桃生产结构调整，推动黄桃产业化持续健康发展。

第三节　奋进统防新征程，建功飞防新时代

——上海心意科技发展有限公司

上海心意科技发展有限公司成立于2004年2月，2015年与深圳大疆签约合作，2016年随着大疆农业无人机上市，公司进入农业领域，同年公司成立了上海第一支飞防队和UTC慧飞无人机应用技术培训中心上海分校，迄今累计培养农业植保持证飞手约2 000名。2017年5月11日时任上海市农业农村委副主任冯志勇同志在公司农业基地考察调研时，得知无人机免费打药农户还不接受，随即指导帮助公司启动了多个水稻植保全程飞防试验，从最初的农机性能、作业效率和效果对比，到近

年的飞防助剂、无人农场飞防植保技术集成等研究和应用示范，连续 7 年的试验不仅让公司团队得到了极大的专业技术提升，同时也推动了整个上海市的飞防行业。2022 年大疆农业无人机在上海市的作业量已达 413.811 万亩次，飞播面积 184.7 万亩次，上海市进入一个飞防新时代。

奉贤区是上海市第一批全国统防统治百强县，植保飞防在该区应用较早、较广，特别是 2020 年上海稻飞虱大发生，金汇镇统防统治 1/3 服务面积的水稻进行了无人机全程防治，有效控制住了飞虱危害。2021 年在区农技中心指导、奉贤区金汇镇农业综合服务中心领导下，公司牵头联合该镇其他统防组织进行了该镇整建制水稻全程无人机统防统治，取得良好成效和示范效果。

2022 年公司立足奉贤区西渡街道，正式成为奉贤区农业植保部门备案的专业化统防组织，当年统防服务面积较小，绿色认证水稻面积 2 189.22 亩，非绿色认证水稻面积 3 000 亩左右。由于首年参加区专业化统防统治考核，组织管理、业务开展及作业服务各方面均得到了奉贤区西渡街道农业农村服务中心、区农技中心特别是植保科的领导专家悉心指导，回顾 2022 年作业季领导们顶着酷暑多次莅临公司西渡一线据点进行工作指导和检查考核；如农机与农药仓库必须隔离存放这是我们之前没有注意到的；公司能顺利完成年度统防任务离不开各级领导的指导帮助。

2022 年统防工作，公司在人员、设备、管理与服务等各方面按植保部门要求实施之外，其他情况也做一个总结汇报。

一、全程作业质量，轨迹可视监管

公司运维的“上海农业无人飞机服务平台”将统防作业全程做了接入，飞行轨迹和作业质量（飞行参数、喷洒量等）可视、可管理；同时也解决了种植户对飞手水平和作业质量的顾虑。

二、引入智慧农业，突破传统限制

“上海农业无人飞机服务平台”还是一个智慧农业平台，2022 年在西渡金港村和南渡村做了 2 500 亩无人机变量施肥的试验示范（公司实施作业的农业农村部在上海减肥增效项目），利用多光谱无人机测绘数据，在平台上建模和生成处方图，再导入农业无人机进行变量施肥作业。与金山万亩良田、浦东沧海桑田和崇明齐茂农场合计 1 万亩水稻，成为上海无人机数字化应用典型案例。

三、飞防专用助剂，解决飞防痛点

公司 4 年对飞防助剂的研究表明，解决无人机飞防作业短板（药液喷洒雾滴易蒸发、易漂移）最佳办法就是添加专业飞防助剂。市场上助剂鱼龙混杂，花王 A-200 价格高，种植户接受难度大；公司在统防过程中为了确保生产安全，给部分农户免费添加花王助剂。

四、产学研一体化，应用创新技术

公司多年来与上海市农业科学院、华东理工大学药学系、市农技中心等单位试验合作，2022 年在公司统防队员何强的协助下，西渡关港村 160 亩水稻种植地，请华东理工大学徐文平教授布置了新型性诱剂设备，采用生态防控方式，优化、科学使用化学农药，深受种植户好评，为统防统治和绿色防控树立了典型。

五、配套专业培训，扩充统防力量

2022 年奉贤培训班进行了 2 期，新增本地持证飞手约 30 名。专业的统防统治，必须由专业的技术人员来实施，上海一直在践行培训先行的理念。

上海农业无人飞机服务平台
智慧农业平台
登录上海农业无人飞机服务平台
手机号码
短信验证码
发送验证码
人机验证
请按住滑块，拖动到最右边
登录

作业监管
任务列表
奉贤区

平台作业轨迹监管

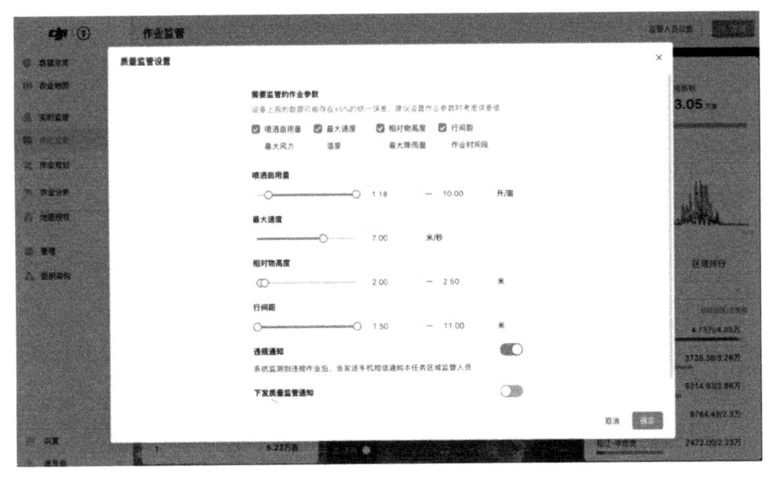

无人机作业质量监管设置

西渡街道无人机变量施肥试验示范，平台高清地图

西渡关港村，绿色防控与统防统治融合示范区

作业数据平台化管理以及利用平台进行农业数字化应用，是公司统防服务最大的、有效的管理实施办法；“上海农业无人飞机服务平台”（https://shag.djiag.com/vz/devices）2022年属内部创新和测试培训阶段，2023年公司已为奉贤区农业农村委员会开通了平台账号，统防作业全程接受奉贤区农业农村委员会的监管。公司也将尽力扩大无人机巡田、测产及变量施肥等的应用面积。

飞防行业这些年在上海快速发展，但依旧属于创新行业，需要社会各界的关心和支持。即将踏上统防新征程，公司将努力推广无人机数字化应用，促进农业高质量发展，并整合统防新生力量，齐心协力，踔厉前行，建功飞防新时代。

第四节　全力实施专业化统防统治，精诚服务现代化农业生产

——上海玖童农业专业合作社运作模式与经验

上海玖童农业专业合作社成立于2015年，地处上海市奉贤区金汇镇，常年以种植单季水稻为主，轮茬绿肥（蚕豆、紫云英、油菜为主）和深翻休耕模式。合作社在2017年开始实施水稻病虫害专业化统防统治，精诚服务当地及周边广大农户的农业生产，于2020年荣获“上海市优秀专业化统防统治组织”。

合作社现有办公和为农民提供技术服务咨询、交流的场所293.1 m^2，专业统防队员17名，植保无人机5台，自走式喷杆喷雾机3台，36型担架式喷雾机6台，小型运输车辆3台，日工作能力3 000亩以上。

一、强健防治队伍，健全管理制度

（一）强健防治队伍

1. 加强技能培训

为更好地开展专业化统防统治工作，合作社在组建防治队伍的基础上，加大对防治队员专业技能的培养，鼓励队员积极参加各类植保知识与技能的培训和学习。通过参加区级农业农村部门组织的专业化统防统治培训，学习水稻病虫害的识别、绿色防控技术、农药的科学使用、先进药械的操作等；参加市级农业农村部门组织的无人机操作培训等，不断提升队员的植保知识与技能水平。同时，推荐优秀的队员积极参与区、市级

种植行业的技能比武大赛，于 2019 年、2020 年连续 2 年取得市级个人二等奖，并代表上海参加了全国农业行业职业技能大赛取得了好成绩。

2. 坚持持证上岗

开展统防统治服务，要求队员持证上岗。合作社目前防治队员为 17 人，经过专业的培训与考证，持证上岗率达 100%。其中，拥有国家级农作物植保工五级证书 3 人，植保专业无人驾驶航空器系统操作手合格证 8 人，民用无人机驾驶员合格证 1 人，上海市新型职业农民统防统治培训合作证 12 人。

3. 优化队伍结构

为改善农业从业人员的老龄化问题，合作社积极培养年轻队员，目前防治队员以中青年为主，年龄结构较一般的防治队伍更加优化。其中，40 岁以下 6 人，占 35.29%；40～50 岁 5 人，占 29.41%；50～60 岁 4 人，占 23.53%；60 岁以上 2 人，占 11.76%。

4. 搭建合作平台

合作社在加强自身队伍建设的同时，还积极与重庆渝洒科技有限公司以及一些院校合作，引进一些懂技术的年轻学员来合作社实习，同时发展和培养一批年轻的无人机操作、维修人员充实到防治队伍中，以满足日常对外防治服务与扩大发展的需求。

5. 配备智能机械

合作社配备的植保机械，有拉杆式喷雾器、自走式喷杆喷雾机和植保无人机，对于不同地块，适用不同器械。拥有大疆 T20、T30、T40、T50 等植保无人机，通过遥感（RS）、地理信息系统（GIS）、全球卫星定位系统（GPS）的集成应用，利用现代电子计算机技术，能根据生物靶标而自动对靶喷雾，实现以有害生物为靶标，从根本上减少农药施用量，使防治装备更趋科技智能化。

6. 保险保障服务

开展统防统治服务，在田间地头操作药械、接触农药等都存在一定的危险性。为保障防治服务的顺利进行，特别为确保安全问题导致的药械损失与防治队员人身权益，合作社每年都会购买一系列保险，如防治队员意外保险、无人机意外损失险、第三者财产损失险、第三者人身伤亡险、操作人员意外险等，通过保险的购买来保障服务的开展。让出现问题或意外时，大家的权益都能得到保障，以便放心、安心地开展服务。

（二）健全管理制度

为谋求长远发展，合作社在建章立制上从严要求，建立健全制度，形成了一套适合统防组织的管理制度，并上墙展示。

在植保技术员管理上，制定了工作制度，要求统领整个生产过程，负责栽培与植保技术指导，确保生产保质保量，并做好相关数据的统计与分析等；在队员管理上，要求建立基本信息档案，加强培养与培训，做好防治服务，采用年终考核等；在机防队作业管理上，要求实行统一组织、统一药械、统一药剂、统一标准和因时制宜分户作业的方式服务，掌握科学施药方法、确保防治效果，并对防治区域做好相关数据的统计，建立田间档案等；在安全用药管理上，要求做好农药的出入库登记，防治队员按规定做好个人防护，规范、科学使用与配制农药等；在机械维护管理上，要求建立机械信息档案，严格使用的出库与入库，由专人负责日常的保管与维护等；在资金管理上，要求建立二级专项账户，合理定制服务收费，做到资金的专项专用等。通过严格的制度管理，进一步加强合作社的内部管理，规范服务操作行为，推动良性循环发展。

二、夯实水稻防治，拓展多元服务

（一）夯实水稻防治

1. 保持服务沟通

建立服务微信群。合作社建立水稻统防服务对象的微信群，及时将植保部门水稻病虫情报发布群里，什么时候打药、防治的对象以及农药的配制，让农户一目了然；同时，大力宣传主要病虫害识别及绿色防控技术，让农户了解先进的防控技术等。对没有微信的年龄较大的服务对象，保持电话等形式的沟通。

听取农户意见。合作社在对农户进行有偿服务前，广泛征求服务对象的意见，制定合适的收费标准，再与农户签订服务协议，坚决杜绝乱收费和敷衍了事的行为。在开展防治时，及时了解不同农户的需求，做好防治服务，让农户满意。

防治确认签字。合作社在防治服务后，对防治面积、用药剂种类及数量、收费金额等进行登记，建立田间防治档案，由农户确认签字。同时，再虚心听取农户意见和要求，不断提高服务质量与水平。

2. 规范田间作业

严格使用防治药剂。按照植保部门水稻病虫情报推荐的防治药剂，坚持使用高效、低毒、低残留的绿色农药。严格控制农药的使用剂量，配制合理的用水量，采用二次稀释法配制药液。杜绝超剂量或超次数使用农药，杜绝不合理混配农药。

严格使用防治药械。正确科学使用植保药械，掌握好喷药的速度与喷施部位，做到防治喷雾均匀到位、不漏喷、不少喷。针对不同的田块，使用不同的药械，如有些田块大型机械不能进入，可使用无人机喷施。针对水稻不同生育期，选用不同药械组合：水稻前、中期无人机 + 后期自走式喷杆喷雾机喷施模式。

严格掌握防治时间。在植保部门建议的病虫害防治适期内，避免高温、大风、下雨时段，选择在晴好、早晚、微风天气进行防治，防治后 4 小时内遇降雨，及时补防。通过严格使用药剂与药械，严格掌握防治时间，以确保防治效果，保障水稻安全生产与保质保量。

3. 融合绿色防控

合作社在开展水稻病虫害专业化统防统治服务时，与绿色防控的技术措施集成融合为综合配套的技术服务模式。通过采用理化诱控（性诱剂等）、生物防治（生物农药等）、生态调控（种植百日菊、芝麻、茭白等植物，丰富生物多样性；种养结合）等绿色防控措施，提高病虫防控的科学化水平。同时，因地、因时制宜，查看田间病虫害发生程度，在保证防治效果的基础上，精确有效地开展防治，以推进实现水稻病虫害的综合治理，与农药的减量控害。

（二）拓展多元服务

合作社在做好所在镇水稻病虫害专业化统防统治的同时，一是积极拓展无人机的施肥、播种和除草等功能的延伸；二是开展除水稻外其他农作物如饲料玉米、生态林等病虫防治；三是进行跨镇、跨区域代防代治服务，服务地点涉及青浦、金山、崇明、浦东等区县。一方面不断扩展自身的业务，另一方面不断满足农业生产对先进药械与专业服务的需求。

1. 药械功能延伸

合作社拥有的大疆无人机 T20、T30、T40、T50 等型号是先进智能型植保机械，除了可以开展病虫害防治外，还具有施肥、播种及除草的功能。根据农业生产的市场需求，积极拓展药械的延伸功能。

无人机施肥。主要适用于化肥，颗粒状复合肥的播撒。按每亩使用肥料的多少进行收费，每亩用量 10 kg 单价为 10 元，每亩用量 20 kg 单价为 15 元，每亩用量 30 kg 单价为 20 元，每亩用量 40 kg 单价为 35 元，广泛用于水稻等作物的生产服务。

无人机播种。奉贤区水稻推广机插秧，但有些地块零散分布或道路不通畅插秧机进不去，在水稻浸种催芽后，采用无人机进行撒播，按每亩 20 元进行收费。其他作物如小麦等播种，按每亩 10～15 元不等收费。

无人机除草。根据需要，可在水田与旱地进行无人机除草。收费都较为低廉，水稻田每亩 6～10 元，旱地每亩 10～15 元不等。

2. 服务多种作物

合作社从开始单一地服务于水稻病虫害统防统治，慢慢拓展业务，服务于一些大型农场露天种植的农作物，作物种类包括玉米、花卉、草皮、蔬菜和公益林等，服务内容包括病虫害防治等，收费标准玉米地为 15 元 / 亩，花卉和草坪为 18 元 / 亩，蔬菜为 10 元 / 亩，公益林为 30 元 / 亩。如在 2020 年对庄行镇 2 510 亩公益林的美国白蛾开展了代防代治服务等，取得了较好的效果，打响了自身的品牌与影响力。

3. 跨区域代防代治

合作社不仅服务于本镇范围内农户的生产，而且积极开展跨区域服务。至 2022 年，已跨上海市 4 个区（金山、青浦、浦东、崇明）10 多个乡镇（朱泾、白鹤、金泽、练塘、大团、新村乡等），目前统防组织服务农户数 100 余户，带动农户数上百人，服务面积 70 000 多亩次。

三、互惠互利共赢，精诚展望未来

（一）互惠互利共赢

通过开展农作物专业化统防统治服务，实现了合作社与农户的互惠互利共赢。

一是提高了防治效率，降低了劳动强度。相比于农户自身防治的劳动力不足、劳动强度大以及防治效率低，植保专业化统防统治使用先进智能的大中型药械，日作业能力强，防治的效率高，大大节省和解放了农户的劳动力。

二是减少了农药使用，保障了安全生产。相比于农户自身防治农药超量超次乱用现象突出、防治技术与效果参差不齐，植保专业化统防统治使用高效安全的绿色农药，通过科学用药、高效喷施、规范使用，与绿色防控融合，减少了农药的使用量，提高了防治效果，保障了农作物安全生产与丰收。

三是降低了生产成本，提高了经济效益。相比于农户自身防治人工费用及生产成本高，植保专业化统防统治服务收费较为低廉，降低了农户的生产成本。同时，合作社通过收取服务费，促进了防治队员的就业，解决了生存与发展的问题。

（二）精诚展望未来

在国家政策引导，政府相关部门的关心，以及广大农户的支持下，合作社对未来发展，充满了期望。将坚持以科学发展观为指导，按照现代农业发展规律和新的要求，把建设现代植保和生态文明放在主要地位，以科学用药、提高防效、降低成本、保障丰收、注重安全为目标，大力提升现代植保服务水平，为病虫害专业化统防统治快速持续发展尽一点绵薄力。

未来统防统治服务目标是坚持以“七化”标准（运作市场化、管理制度化、人员专业化、作业规范化、技术标准化、设备现代化、服务全程化）为抓手，以“人员专业化、设备现代化、服务全程化”为突破口，促进专业防治组织做强做优做大，不断实现统防统治效率、效果、效益和覆盖率的“四提高”。

第五节　开展统防统治服务，助力蔬菜绿色生产

——上海贤瑞农产品产销专业合作运作模式与经验

农作物病虫害专业化统防统治符合现代农业发展方向，是解决蔬菜合作社和种植大户防病治虫难、提高防治效果、减少农药污染的有效途径。上海贤瑞农产品产销专业合作社成立于2016年12月5日，位于上海市奉贤区青村镇陶宅村，是上海市蔬菜标准园、上海市优秀统防统治组织。该组织2021年开始面向合作社和种植大户，以服务为宗旨，采取自愿参加、有偿服务的形式在奉贤地区开展统防统治服务。

一、完善组织设施，形成防治规模

合作社具有固定办公场所，并具备与统防统治服务面积相适应的农药仓库、施药器械仓库，经营场所500 m^2，配备有大疆植保无人机1架、自走式喷杆喷雾机5台、背负式电动喷雾器15台，日工作达到能力500亩。

合作社现有理事长1名，共有21名社员；农作物植保工四级1人，五级2人，统防统治植保队人员11人，无人机植保飞行手1人。每年对统防队伍购买人身意外伤害保险，投保率达到100%。

植保队为奉贤区的上海惠群蔬菜种植专业合作社、上海乐贤农产品产销专业合作社、上海庆鑫果蔬种植专业合作社、上海家彪蔬菜种植专业合作社、上海中喔蔬菜种植专业合作社、上海飞益农产品产销专业合作社、上海岱柏农产品产销专业合

作社、上海宸欢农产品产销专业合作社8家合作社和陈端生1个蔬菜种植大户提供植保服务，植保总面积2 062亩，其中对外服务面积1 912亩。

二、推动统防统治，促进绿色生产

（一）硬件、软件两手抓，提高服务水平

在硬件建设上，贤瑞合作社具有植保服务合作社办公室和药械仓库，及时购置更新植保机械及绿色防控产品，为实施统防统治奠定扎实的基础。在软件建设上，注重植保队伍人员的知识更新，积极组织人员参加区、镇举办的“病虫害诊断与防治”“农药安全使用技术”“植保机械使用与维修技术”的培训，提高实施统防统治的服务能力和水平。

（二）建章立制，抓规范服务

合作社针对技术服务队伍制定了管理制度，包括人员管理制度、田间作业制度、农资出入库档案记录管理制度、服务合同管理制度、机械维护管理制度、财务管理制度等，明确岗位职责，开展规范实施。同时与蔬菜种植合作社和大户签订了蔬菜重大病虫害防治服务协议，明确各自的责、权、利。

同时贤瑞合作社建立了病虫害统防统治服务档案，如实记录农药使用品种、用量、时间、区域等信息，与服务协议、防控方案一并归档，并保存2年以上。

（三）加强病虫监测，确保信息准确及时

在合作社内设立病虫观测点，安装测报灯，放置性诱剂、悬挂黄板等，建立调查观察田，对灰霉病、霜霉病、白粉病、黄条跳甲、小菜蛾、夜蛾等主要病虫害进行定期调查，及时掌握病虫发生时期；同时开展绿色农药防治效果试验筛选，完善病虫害防治技术，设立防控方案，确保统防统治的实施效果。

（四）统防统治与绿色防控相融合

合作社积极宣传、示范应用各类蔬菜病虫害绿色防控技术，将专业化统防统治与绿色防控技术有机融合，采用农药减量控害技术模式，推进病虫综合治理，减少化学农药使用量。

一是农业防治技术。选用抗性品种，培育无病无虫壮苗，清洁田园，清除病残体，整枝打杈、摘除病老叶，合理施肥，调酸补钙、施用有机肥。

二是采用翻耕土壤、覆膜以及生防菌剂处理土壤，防治土传病害。

三是害虫诱杀技术。使用杀虫灯诱蛾、黄（蓝）板诱虫，小菜蛾、斜纹夜蛾、甜菜夜蛾等害虫专用性诱剂诱杀技术。

四是生物防治技术。示范应用短稳杆菌、金龟子绿僵菌CQMa421、鱼藤酮、苏云金杆菌等生物制剂防治蔬菜害虫，宁南霉素防治病毒病技术，乙基多杀菌素（艾绿士）防治小菜蛾、斜纹夜蛾和甜菜夜蛾，天然除虫菊素、蛇床子素等药剂防治病虫害。

五是利用捕食螨、丽蚜小蜂等天敌昆虫防治粉虱、蓟马等。

六是科学合理使用高效低毒低残留化学药剂，应用精准施药技术。

（五）建立集约化育苗基地，服务更多农户

贤瑞合作社还建立了20亩蔬菜集约化、机械化育苗高效生产示范基地，主要培育甘蓝类、白菜类等蔬菜种苗，年产能达到4 000万株，综合机械化水平达到76%。整合集约化育苗技术和水肥一体化技术、化肥以及化学农药减施增效技术，可以提高育苗棚产出率和持续性生产力，既可以促进蔬菜合作社种苗的自给自足，又可以为周边的农户提供种苗服务；并在蔬菜的育苗和种植过程中，积极使用绿色防控技术，减少农药和化肥的使用，体现上海市都市现代化农业发展的战略要求，辐射推

广先进的绿色农业技术，推动奉贤区绿色蔬菜产业的发展。

三、统防社会服务，注重实际成效

（一）病虫综合治理，减少化学农药使用量

通过科学的管理，使每季蔬菜作物用药次数减少1～2次，化学农药使用量降低了5%，高效、低毒、低残留农药使用覆盖率达100%，病虫害防治效果达90%以上，病虫害危害损失率控制在5%以内。

（二）科学安全用药，提高蔬菜质量安全

统防统治做到了安全用药，有效控制了田间药害事故和生产性农药中毒事故的发生。同时，由于加强绿色防控技术的应用，减少了用药次数，提高了蔬菜质量安全，整体安全性明显提高。

（三）统防组织建设，发挥辐射带动作用

合作社统防统治组织的建设，解决了蔬菜种植户的后顾之忧，深受大家的好评。同时有利于发挥辐射带动作用，引导其他乡镇合作社实施病虫害的预防控制。

四、未来统防建议，推动更好发展

（一）提高服务水平，完善规章制度

合作社对今后统防组织的建设有自己的规划，一是不断完善开展各项工作的资质，如病虫害预测预报、农药植保机械使用、专业化服务档案管理等；二是不断更新现代化的植保机械装备，满足不同环境、不同用户、不同病虫害的统防统治需求；三是完善病虫害专业化统防统治组织管理制度，指定田间作业制度、档案管理制度、合同管理制度、机械维护制度、财务管理制度、收费管理制度等规章制度等，通过不断完善组织建设，规范与提高服务的技能与水平，推动统防统治更好发展。

（二）政府加强引导，增强补贴力度

市、区农业农村部门能制定相应的扶持政策，随着统防统治工作的示范推广，防治服务对植保机械的要求越来越高，建议市、区进一步加大对大型药械的补贴力度；植保无人机作业量将逐步增加，望企业能研发一些适合无人机作业的农药剂型。

（三）政府因地制宜，推进土地流转

政府要因地制宜，创新土地流转机制，加速推进土地流转，扩大规模种植、连片种植，加快发展集约化农业。集约化、规模化种植，有利于科学技术与先进药械等的应用推广，加快推进统防统治服务覆盖。

第六节　统防统治与绿色防控并举，打造黄桃产业绿色发展新模式

——上海思尔腾农业科技发展有限公司运作模式与经验

上海思尔腾农业科技发展有限公司位于上海市奉贤区青村镇吴房村。自 2019 年 1 月成立以来，公司坚持绿色、创新的发展理念，以国家、上海市及地方农业政策为指导，基于青村镇奉贤黄桃产业取得的成果及发展瓶颈，以乡村振兴战略为统领，以一二三产融合发展为手段，以农业增效为目标，充分发挥基地优越的资源禀赋及青村奉贤黄桃产业优势，重点围绕产品绿色、产出高效、产业融合、资源节约、环境友好等方面，走生态循环农业发展道路，助推乡村振兴建设。

近年来，公司学习贯彻农业农村部提出的农作物病虫害专业化统防统治要求，在桃树绿色防控技术模式下，逐步推行与开展专业化统防统治。通过统防统治与绿色防控并举，打造黄桃产业绿色发展新模式。

一、加强团队建设，统一管理模式

（一）组建专业服务团队

公司抽调骨干人员，组建了一支专业技能强、防治水平高的统防统治服务团队。对专业化统防统治团队进行系统性的培训，提升专业化统防统治团队的服务能力。目前，统防队伍人员为15人，分为4个小组，为青村镇吴房村和解放村的黄桃种植户开展病虫害统防统治服务。

（二）采用统一管理模式

公司主要采取“龙头企业＋基地＋农户”的管理模式。实行“三个统一”，一是统一购买、供应、分配与使用农资，包括优质桃苗、有机肥和生物农药等生产资料；二是统一生产技术流程，制定了黄桃种植管理技术规程，对生产技术进行统一管理；三是统一定单收购、档案管理和技术指导。以此，逐步形成了集绿色生产标准体系（33篇）、基础标准体系（17篇）、服务标准体系（7篇）为一体的标准化管理体系。

二、融合绿色防控，建设绿色基地

（一）加强病虫害监测，指导防治服务

公司与上海市农业技术推广服务中心签订了农作物有害生物监测预警专项业务实施合同书，在黄桃基地设置有桃树病虫害监测点。防治团队的植保技术人员，在监测点开展桃树日常病虫观测，及时掌握如梨小食心虫、绿盲蝽、细菌性穿孔病等桃树核心病虫害的发生情况，一方面及时向植保部门上门观测数据，另一方面指导统防团队开展针对性的病虫防治。

（二）推广应用绿色防控技术

在市、区农业农村部门的技术指导下，公司熟悉掌握了桃

树病虫害绿色防控技术，并加以推广应用到实际生产中，与统防统治融合为综合配套的技术服务模式。

推广应用的绿色防控，有农业防治、理化诱控、生态调控、科学用药等技术。农业防治技术，包括合理的黄桃树形、合理的行间距、选用抗病虫较好的品种、水肥一体化管理、地面铺设防草布、使用有机肥与测土配方肥等；理化诱控技术，包括应用可降解黄板、梨小迷向丝、放置杀虫灯等；生态调控技术，包括林下种植白车轴草、黑麦草、苜蓿等蜜源植物保护天敌，构建果园生态生物多样性等；科学用药技术，包括优先使用生物农药，合理规范使用高效低毒、低残留的化学农药，注重药剂的防治适期与安全间隔期等。绿色防控技术的融合应用，有效提高了黄桃病虫害的综合防控效果。

（三）打造绿色生产基地

公司 2021 年申报绿色生产基地，经过上级部门的指导、检查与考察，成为黄桃绿色生产基地。2022 年，通过了黄桃绿色认证，提升了公司品牌。

三、统防提质增效，保障生产安全

（一）提高了防控效果

通过集成绿色防控技术的应用，统防统治桃园害虫密度平均下降 25.5%，天敌种群数量平均增加了 24.05%，土壤表层有机质含量明显提高，近 3 年来，桃园化学农药减量 36.5%，化学肥料用量减少 15.5%。

（二）提高了防控能力

专业化统防统治较以往农户病虫害防治，防治人员的专业化水平更高，防治使用的农药、药械等更为科学合理，防治方案由专业团队根据病虫害监测情况和温度、湿度等其他因素有针对性地制定，防控能力更好。

（三）降低了防控成本

依托黄桃产业强镇项目引入的果园种植机械、水肥一体化系统等先进农业设施，黄桃种植关键环节（除草、施肥、用药、灌溉等）机械化水平达100%，解决了农村劳动力不足以及用工成本高等的问题，降低了防治成本。同时，完备的黄桃绿色防控体系建设，推动了农药减量增效和农药使用量负增长，实现黄桃优质高产，稳产期亩产值提升约15 000元。

（四）提升了产品品质

农药的统一供应，从源头上控制了农药使用风险；农药的科学使用，保障了生产安全与环境友好；绿色防控技术的应用，减少了化学农药的使用量与使用次数等，这些都提升了黄桃的产品品质，为品牌建设打下了基础。

四、规划未来发展，助力农业振兴

未来，公司将以乡村振兴战略为引领，进一步彰显特色亮点，提升产业内涵，增强富民成效。一是进一步推动体制机制创新，为科技创新注入活力。通过开展创新服务模式，搭建服务平台，培育服务组织，提升服务能力等手段，提高农作物病虫害专业化统防统治水平。二是进一步抓好利益联结创新，在富民增收上求实效。通过创新服务规范管理，推进专业化统防统治工作稳步发展，不断增强农民创收增收的内生动力。三是进一步提质乡村振兴建设，在生态文明建设上求突破。大力实施绿色农业发展新战略，重点关注生产清洁、资源循环、产品绿色，实现农业发展与生态建设双赢。

附　录

附录 1　《农药安全使用规范　总则》（NY/T 1276—2007）

1　范围

本标准规定了使用农药人员的安全防护和安全操作的要求。

本标准适用于农业使用农药人员。

2　规范性引用文件

下列文件中的条款通过本标准的引用而成为本标准的条款。凡是注日期的引用文件，其随后所有的修改单（不包括勘误的内容）或修订版均不适用于本标准。然而，鼓励根据本标准达成协议的各方研究是否可使用这些文件的最新版本。凡是不注日期的引用文件，其最新版本适用于本标准。

GB 12475　农药贮运、销售和使用的防毒规程

NY 608　农药产品标签通则

3　术语和定义

下列术语和定义适用于本标准。

3.1 持效期 pesticide duration

农药施用后，能够有效控制农作物病、虫、草和其他有害生物为害所持续的时间。

3.2 安全使用间隔期 preharvest interval

最后一次施药至作物收获时安全允许间隔的天数。

3.3 农药残留 pesticide residue

农药使用后在农产品和环境中的农药活性成分及其在性质上和数量上有毒理学意义的代谢（或降解、转化）产物。

3.4 用药量 formulation rate

单位面积上施用农药制剂的体积或质量。

3.5 施药液量 spray volume

单位面积上喷施药液的体积。

3.6 低容量喷雾 low volume spray

每公顷施药液量在 50～200 L（大田作物）或 200～500 L（树木或灌木林）的喷雾方法。

3.7 高容量喷雾 high volume spray

每公顷施药液量在 600 L 以上（大田作物）或 1 000 L 以上（树木或灌木林）的喷雾方法。也称常规喷雾法。

4 农药选择

4.1 按照国家政策和有关法规规定选择

4.1.1 应按照农药产品登记的防治对象和安全使用间隔期选择农药。

4.1.2 严禁选用国家禁止生产、使用的农药；选择限用的农药应按照有关规定；不得选择剧毒、高毒农药用于蔬菜、茶叶、果树、中药材等作物和防治卫生害虫。

4.2 根据防治对象选择

4.2.1 施药前应调查病、虫、草和其他有害生物发生情况，对不能识别和不能确定的，应查阅相关资料或咨询有关专家，明确防治对象并获得指导性防治意见后，根据防治对象选择合适的农药品种。

4.2.2 病、虫、草和其他有害生物单一发生时，应选择对防治对象专一性强的农药品种；混合发生时，应选择对防治对象有效的农药。

4.2.3 在一个防治季节应选择不同作用机理的农药品种交替使用。

4.3 根据农作物和生态环境安全要求选择

4.3.1 应选择对处理作物、周边作物和后茬作物安全的农药品种。

4.3.2 应选择对天敌和其他有益生物安全的农药品种。

4.3.3 应选择对生态环境安全的农药品种。

5 农药购买

购买农药应到具有农药经营资格的经营点，购药后应索取购药凭证或发票。所购买的农药应具有符合 NY 608 要求的标签以及符合要求的农药包装。

6 农药配制

6.1 量取

6.1.1 量取方法

6.1.1.1 准确核定施药面积，根据农药标签推荐的农药使用剂量或植保技术人员的推荐，计算用药量和施药液量。

6.1.1.2 准确量取农药，量具专用。

6.1.2 安全操作

6.1.2.1 量取和称量农药应在避风处操作。

6.1.2.2 所有称量器具在使用后都要清洗，冲洗后的废液应在远离居所、水源和作物的地点妥善处理。用于量取农药的器皿不得作其他用途。

6.1.2.3 在量取农药后，封闭原农药包装并将其安全贮存。农药在使用前应始终保存在其原包装中。

6.2 配制

6.2.1 场所

应选择在远离水源、居所、畜牧栏等场所。

6.2.2 时间

应现用现配，不宜久置；短时存放时，应密封并安排专人保管。

6.2.3 操作

6.2.3.1 应根据不同的施药方法和防治对象、作物种类和生长时期确定施药液量。

6.2.3.2 应选择没有杂质的清水配制农药，不应用配制农药的器具直接取水，药液不应超过额定容量。

6.2.3.3 应根据农药剂型，按照农药标签推荐的方法配制农药。

6.2.3.4 应采用“二次法”进行操作。

（1）用水稀释的农药：先用少量水将农药制剂稀释成“母液”，然后再将“母液”进一步稀释至所需要的浓度。

（2）用固体载体稀释的农药：应先用少量稀释载体（细土、细沙、固体肥料等）将农药制剂均匀稀释成“母粉”，然后再进一步稀释至所需要的用量。

6.2.3.5 配制现混现用的农药，应按照农药标签上的规定或在技术人员的指导下进行操作。

7 农药施用

7.1 施药时间

7.1.1 根据病、虫、草和其他有害生物发生程度和药剂本身性能，结合植保部门的病虫情报信息，确定是否施药和施药适期。

7.1.2 不应在高温、雨天及风力大于3级时施药。

7.2 施药器械

7.2.1 施药器械的选择

7.2.1.1 应综合考虑防治对象、防治场所、作物种类和生长情况、农药剂型、防治方法、防治规模等情况。

（1）小面积喷洒农药宜选择手动喷雾器。

（2）较大面积喷洒农药宜选用背负机动气力喷雾机，果园宜采用风送弥雾机。

（3）大面积喷洒农药宜选用喷杆喷雾机或飞机。

7.2.1.2 应选择正规厂家生产、经国家质检部门检测合格的药械。

7.2.1.3 应根据病、虫、草和其他有害生物防治需要和施药器械类型选择合适的喷头，定期更换磨损的喷头。

（1）喷洒除草剂和生长调节剂应采用扇形雾喷头或激射式喷头。

（2）喷洒杀虫剂和杀菌剂宜采用空心圆锥雾喷头或扇形雾喷头。

（3）禁止在喷杆上混用不同类型的喷头。

7.2.2 施药器械的检查与校准

7.2.2.1 施药作业前，应检查施药器械的压力部件、控制部件。喷雾器（机）截止阀应能够自如扳动，药液箱盖上的进气孔应畅通，各接口部分没有滴漏情况。

7.2.2.2 在喷雾作业开始前、喷雾机具检修后、拖拉机更换车轮后或者安装新的喷头时，应对喷雾机具进行校准，校准因子包括行走速度、喷幅以及药液流量和压力。

7.2.3 施药机械的维护

7.2.3.1 施药作业结束后，应仔细清洗机具，并进行保养。存放前应对可能锈蚀的部件涂防锈黄油。

7.2.3.2 喷雾器（机）喷洒除草剂后，必须用加有清洗剂的清水彻底清洗干净（至少清洗 3 次）。

7.2.3.3 保养后的施药器械应放在干燥通风的库房内，切勿靠近火源，避免露天存放或与农药、酸、碱等腐蚀性物质存放在一起。

7.3 施药方法

应按照农药产品标签或说明书规定，根据农药作用方式、农药剂型、作物种类和防治对象及其生物行为情况选择合适的施药方法。施药方法包括喷雾、撒颗粒、喷粉、拌种、熏蒸、涂抹、注射、灌根、毒饵等。

7.4 安全操作

7.4.1 田间施药作业

7.4.1.1 应根据风速（力）和施药器械喷洒部件确定有效喷幅，并测定喷头流量，按以下公式计算出作业时的行走速度：

$$V=\frac{Q}{q\times B}\times 10 \qquad \cdots\cdots(1)$$

式中：V——行走速度，米 / 秒（m/s）；

Q——喷头流量，毫升 / 秒（mL/s）；

q——农艺上要求的施药液量，升 / 公顷（L/hm^2）；

B——喷雾时的有效喷幅，米（m）。

7.4.1.2 应根据施药机械喷幅和风向确定田间作业行走路线。使用喷雾机具施药时，作业人员应站在上风向，顺风隔行前进或逆风退行两边喷洒，严禁逆风前行喷洒农药和在施药区穿行。

7.4.1.3 背负机动气力喷雾机宜采用降低容量喷雾方法，不应将喷头直接对着作物喷雾和沿前进方向摇摆喷洒。

7.4.1.4 使用手动喷雾器喷洒除草剂时，喷头一定要加装防护罩，对准有害杂草喷施。喷洒除草剂的药械宜专用，喷雾压力应在 0.3 MPa 以下。

7.4.1.5 喷杆喷雾机应具有三级过滤装置，末级过滤器的滤网孔对角线尺寸应小于喷孔直径的 2/3。

7.4.1.6 施药过程中遇喷头堵塞等情况时，应立即关闭截止阀，先用清水冲洗喷头，然后戴着乳胶手套进行故障排除，用毛刷疏通喷孔，严禁用嘴吹吸喷头和滤网。

7.4.2 设施内施药作业

7.4.2.1 采用喷雾法施药时，宜采用低容量喷雾法，不宜采用高容量喷雾法。

7.4.2.2 采用烟雾法、粉尘法、电热熏蒸法等施药时，应在傍晚封闭棚室后进行，次日应通风 1 h 后人员方可进入。

7.4.2.3 采用土壤熏蒸法进行消毒处理期间，人员不得进入棚室。

7.4.2.4 热烟雾机在使用时和使用后半个小时内，应避免触摸机身。

8 安全防护

8.1 人员

配制和施用农药人员应身体健康，经过专业技术培训，具备一定的植保知识。严禁儿童、老人、体弱多病者、经期、孕期、哺乳期妇女参与上述活动。

8.2　防护

配制和施用农药时应穿戴必要的防护用品，严禁用手直接接触农药，谨防农药进入眼睛、接触皮肤或吸入体内。应按照 GB 12475 的规定执行。

9　农药施用后

9.1　警示标志

施过农药的地块要树立警示标志，在农药的持效期内禁止放牧和采摘，施药后 24 h 内禁止进入。

9.2　剩余农药的处理

9.2.1　未用完农药制剂

应保存在其原包装中，并密封贮存于上锁的地方，不得用其他容器盛装，严禁用空饮料瓶分装剩余农药。

9.2.2　未喷完药液（粉）

在该农药标签许可的情况下，可再将剩余药液用完。对于少量的剩余药液，应妥善处理。

9.3　废容器和废包装的处理

9.3.1　处理方法

玻璃瓶应冲洗 3 次，砸碎后掩埋；金属罐和金属桶应冲洗 3 次，砸扁后掩埋；塑料容器应冲洗 3 次，砸碎后掩埋或烧毁；纸包装应烧毁或掩埋。

9.3.2　安全注意事项

9.3.2.1　焚烧农药废容器和废包装应远离居所和作物，操作人员不得站在烟雾中，应阻止儿童接近。

9.3.2.2　掩埋废容器和废包装应远离水源和居所。

9.3.2.3 不能及时处理的废农药容器和废包装应妥善保管，应阻止儿童和牲畜接触。

9.3.2.4 不应用废农药容器盛装其他农药，严禁用作人、畜饮食用具。

9.4 清洁与卫生

9.4.1 施药器械的清洗

不应在小溪、河流或池塘等水源中冲洗或洗涮施药器械，洗涮过施药器械的水应倒在远离居民点、水源和作物的地方。

9.4.2 防护服的清洗

9.4.2.1 施药作业结束后，应立即脱下防护服及其他防护用具，装入事先准备好的塑料袋中带回处理。

9.4.2.2 带回的各种防护服、用具、手套等物品，应立即清洗2～3次，晾干存放。

9.4.3 施药人员的清洁

施药作业结束后，应及时用肥皂和清水清洗身体，并更换干净衣服。

9.5 用药档案记录

每次施药应记录天气状况、作物种类、用药时间、药剂品种、防治对象、用药量、对水量、喷洒药液量、施用面积、防治效果、安全性。

10 农药中毒现场急救

10.1 中毒者自救

10.1.1 施药人员如果将农药溅入眼睛内或皮肤上，应及时用大量干净、清凉的水冲洗数次或携带农药标签前往医院就诊。

10.1.2 施药人员如果出现头痛、头昏、恶心、呕吐等农药中毒症状，应立即停止作业，离开施药现场，脱掉污染衣服或携带农药标签前往医院就诊。

10.2 中毒者救治

10.2.1 发现施药人员中毒后，应将中毒者放在阴凉、通风的地方，防止受热或受凉。

10.2.2 应带上引起中毒的农药标签立即将中毒者送至最近的医院采取医疗措施救治。

10.2.3 如果中毒者出现停止呼吸现象，应立即对中毒者施以人工呼吸。

附录 2　国家禁止和限制使用农药名录

《中华人民共和国食品安全法》第四十九条规定：禁止将剧毒、高毒农药用于蔬菜、瓜果、茶叶、中草药材等国家规定的农作物；第一百二十三条规定：违法使用剧毒、高毒农药的，除依照有关法律、法规规定给予处罚外，可以由公安机关依照有关规定给予拘留。

截至 2022 年，国家禁用和限用的农药名录如下。

一、禁止（停止）使用的农药（50 种）

六六六、滴滴涕、毒杀芬、二溴氯丙烷、杀虫脒、二溴乙烷、除草醚、艾氏剂、狄氏剂、汞制剂、砷类、铅类、敌枯双、氟乙酰胺甘氟、甘氟、毒鼠强、氟乙酸钠、毒鼠硅、甲胺磷、对硫磷、甲基对硫磷、久效磷、磷胺、苯线磷、地虫硫磷、甲基硫环磷、磷化钙、磷化镁、磷化锌、硫线磷、蝇毒磷、治螟磷、特丁硫磷、氯磺隆、胺苯磺隆、甲磺隆、福美胂、福美甲胂、三氯杀螨醇、林丹、硫丹、溴甲烷、氟虫胺、杀扑磷、百草枯、2,4-滴丁酯、甲拌磷、甲基异柳磷、水胺硫磷、灭线磷。

注：磷化铝应当采用内外双层包装，外包装应具备良好密闭性，防水防潮气体外泄，自 2018 年 10 月 1 日起，禁止销售、使用其他包装的磷化铝产品。

2,4-滴丁酯自 2023 年 1 月 23 日起禁止使用。溴甲烷可用于“检疫熏蒸梳理”。杀扑磷已无制剂登记。甲拌磷、甲基异柳磷、水胺硫磷、灭线磷，自 2024 年 9 月 1 日起禁止销售和使用。

二、在部分范围禁止使用的农药（20种）

通用名	禁止使用范围
甲拌磷、甲基异柳磷、克百威、水胺硫磷、氧乐果、灭多威、涕灭威、灭线磷	禁止在蔬菜、瓜果、茶叶、菌类、中草药材上使用，禁止用于防治卫生害虫，禁止用于水生植物的病虫害防治
甲拌磷、甲基异柳磷、克百威	禁止在甘蔗作物上使用
内吸磷、硫环磷、氯唑磷	禁止在蔬菜、瓜果、茶叶、中草药材上使用
乙酰甲胺磷、丁硫克百威、乐果	禁止在蔬菜、瓜果、茶叶、菌类和中草药材上使用
毒死蜱、三唑磷	禁止在蔬菜上使用
丁酰肼（比久）	禁止在花生上使用
氰戊菊酯	禁止在茶叶上使用
氟虫腈	禁止在所有农作物上使用（玉米等部分旱田种子包衣除外）
氟苯虫酰胺	禁止在水稻上使用

附录 3 奉贤区水稻病虫害专业化统防服务协议范本

____________镇水稻病虫害专业化统防统治服务协议

甲　　　方（提供专业化统防统治的服务组织）：
乙　　　方（服务对象）：
负责人电话：
联系人电话：
办公地点：
田块地点：　　　村　　　组
面　积（亩）：

为有效开展水稻病虫专业化统防统治工作，落实统防统治补贴政策，甲乙双方本着自愿原则，经协商达成如下协议。

一、甲方责任

1. 甲方根据区植保部门提供的病虫防治意见，严格遵守农药安全使用规定，使用符合国家质量标准的农药产品，适期完成防治作业，确保当季水稻病虫危害损失控制在 5% 之内；若发生自然灾害或较难防控的流行性、暴发性病虫害，防治效果应参照同地周边大面积一般农户自防效果，如因农药产品质量出现问题由甲方承担相应的责任。

2. 甲方及时安排机防队在协议指定地块，严格按照操作规程，进行适期施药防治。

3. 甲方须对每次防治时间、农药品种、用药数量、防治队员等作如实登记，并由乙方签字确认。

4. 甲方向乙方收取统防统治服务费__________元 / 亩次。收费方式：（1）预收服务费__________元 / 亩次，防治结束后按实际防治次数结算，多退少补；（2）一口价收取全季服务费用__________元 / 亩。

5. 防治药剂由甲方统一管理并做好出入库登记。

二、乙方承诺

1. 乙方自愿按实际种植面积参加甲方组织的统防统治服务，配合甲方做好田间栽培管理等农事操作。

2. 若自行购买农药，对自行提供农药的质量负责。

3. 协议签订后 2 周内及时支付防治费用。

【特殊约定】若乙方逾期未支付防治费用的，甲方有权对乙方不进行病虫害防治。

三、本协议未尽事宜，由甲、乙双方协商解决。

四、本协议一式四份，甲、乙方双方各一份，镇农业服务中心、区农业技术推广中心各一份。

五、本协议自双方签字盖章后生效。

甲方代表：　　　　　　　　乙方代表：

（盖章）　　　　　　　　　（盖章）

签字时间：　年　月　日　　签字时间：　年　　月　　日

附　图

彩图一　动力喷雾机（助走）3WH-40

适用：温室、菜园、果园、小块田地可选配喷枪。

彩图二　自走式风送喷雾机 3WGZ-500

适用：果园植保、施叶面肥作业。

彩图三　自走式喷杆喷雾机 3WPZ-510/8

适用：露地蔬菜，大田作物水稻、小麦的田间植保施肥作业。

彩图四　大疆 T50 农业无人机

适用：露地蔬菜，大田作物水稻、小麦的田间植保施肥作业。

彩图五　上海谷满香粮食种植合作社绿色防控技术示范推广基地

彩图六　2023 年 8 月 28 日，“生物食诱剂防治农作物害虫应用技术培训班”观摩交流活动